STARK

Abitur

Prüfungsaufgaben
mit Lösungen

Gymnasium Bayern

Kolloquium Geographie

© 2020 Stark Verlag GmbH
1. Auflage
www.stark-verlag.de

Inhaltsverzeichnis

Vorwort

Hinweise und Tipps zum Kolloquium

Erster Prüfungsteil: Kurzreferat und Gespräch

Referate zum Kurshalbjahr 11 / 1

Zweiter Prüfungsteil: Fragen zu den Kurshalbjahren

Farbabbildungen

Autoren

Matthias Ehm — Hinweise und Tipps zum Kolloquium, Fragen zum Kurs-halbjahr 12/1

Eduard Spielbauer — Übungsreferate 4 und 5

Thomas Stigler — Übungsreferate 1, 2 und 7, Fragen zu den Kurshalbjahren 11/1 und 12/2

Steffen Walz — Übungsreferate 3, 6 und 8, Fragen zum Kurshalbjahr 11/2

Vorwort

Liebe Abiturientinnen und Abiturienten,

im Laufe Ihres Schülerlebens haben Sie schon mehrere mündliche Prüfungen hinter sich gebracht. Der vorliegende Band möchte Ihnen dabei helfen, die letzte und sicher auch anspruchsvollste mündliche Prüfung Ihrer Schullaufbahn erfolgreich zu meistern. Zu Beginn des vorliegenden Bandes erfahren Sie **alles Wissenswerte zum Kolloquium**. Unter anderem erhalten Sie Informationen zum Ablauf der Prüfung, zur Bildung möglicher Schwerpunkte sowie zum Verhalten vor und während der Prüfung.

Die sich anschließenden Kapitel sind angelehnt an den Ablauf der Prüfung. Im **ersten Teil** können Sie sich anhand von ausformulierten **Kurzreferaten** aneignen, wie Sie eine Aufgabenstellung in Form eines mündlichen Vortrags bewältigen. Durch die Gliederung erhalten Sie einen schnellen Zugang zu Inhalt und Aufbau eines Referats. Nicht zuletzt zeigen Ihnen die Zusatzfragen zum Referat, wie die Prüfenden an Ihren Vortrag anknüpfen und einzelne Aspekte Ihres Schwerpunktthemas herausgreifen können.

Der **zweite Teil** enthält **allgemeine Fragen zu den Kurshalbjahren**. Dieser Teil macht nicht nur deutlich, wie man auf einzelne Fragen antworten könnte, Sie können den Abschnitt auch zur Wiederholung des Abiturstoffs nutzen.

Der vorliegende Band wurde von vier Lehrkräften erarbeitet, die das Fach an verschiedenen Schulen unterrichten. Obwohl sie sich streng am Lehrplan orientieren, gibt es durchaus unterschiedliche Akzentsetzungen. Dies hat den Vorteil, ein **breites Spektrum möglicher Aufgabenstellungen und Lösungsansätze** kennenzulernen und im Vorfeld der Prüfung mögliche Gesichtspunkte ausfindig zu machen, die Sie mit Ihrem Lehrer bzw. Ihrer Lehrerin abklären sollten.

Wir wünschen Ihnen eine effektive Abiturvorbereitung und eine erfolgreiche Prüfung!

Das Autorenteam und der Verlag

HINWEISE UND TIPPS

Hinweise und Tipps zum Kolloquium

Das Abitur – der krönende Abschluss Ihrer Schullaufbahn

Das Abitur ist der **höchste schulische Bildungsabschluss** in Deutschland und die von Ihnen angestrebte, sicherlich heiß ersehnte Krönung Ihrer Schullaufbahn. Mit der **Allgemeinen Hochschulreife** weisen Sie nach, dass Sie befähigt sind, im Anschluss an Ihre Schulzeit an Universitäten und gleichgestellten Hochschulen zu studieren.

In Bayern legen Sie Ihre **Abiturprüfung** am Ende der Oberstufe **in fünf Fächern** (dreimal schriftlich, zweimal mündlich) ab: Neben die **Pflichtfächer** Deutsch, Mathematik und eine fortgeführte Fremdsprache muss dabei auch ein Fach aus dem **gesellschaftswissenschaftlichen Aufgabenfeld** treten, in welchem Sie eine schriftliche oder mündliche Prüfung absolvieren. Hier können Sie z. B. **Geographie** auswählen.

Für die mündliche Abiturprüfung, das **Kolloquium** (Plural: Kolloquien), möchten wir Ihnen mit diesem Buch **praktische Tipps und Übungsmöglichkeiten** bieten. Mithilfe von Musterreferaten und Beispielfragen zu den Lehrplanbereichen der Jahrgangsstufen 11 und 12, die von erfahrenen Lehrkräften ausgearbeitet wurden, können Sie sich optimal auf die beiden Prüfungsteile des Kolloquiums vorbereiten.

Leistungen aus Qualifikationsphase und Abiturprüfung

Egal, in welchen Fächern Sie letztendlich zum **Abitur** antreten: Bedenken Sie, dass sich Ihre Abiturnote nur zu einem Teil aus den Ergebnissen der Abiturprüfung am Ende der Oberstufe zusammensetzt. Da für das Ergebnis der Abschlussprüfung jede der in den **fünf Abiturfächern** erbrachten Leistungen **vierfach** gewichtet wird, sind hier maximal **300 Punkte** (5 x 60 Punkte) zu erreichen.

Der größere Teil der Abiturnote (maximal **600 Punkte**) setzt sich jedoch aus Leistungen zusammen, die Sie in den einzelnen Halbjahren der **Qualifikationsphase** (11. und 12. Klasse) erbracht haben. In den Fächern, in denen das Kolloquium abgelegt werden soll, fließen **alle vier Halbjahre** (jeweils bis zu 60 Punkte) in die Gesamtnote ein. Sie sehen also: Wenn Sie in Geographie das Kolloquium machen wollen, sollten Sie über

I

die gesamte Qualifikationsphase hinweg sorgfältig mitarbeiten und möglichst gute Leistungen erzielen. Dies wird Ihnen dann auch bei der gezielten Vorbereitung auf die Abiturprüfung und am Prüfungstag selbst helfen.

Leistungen aus der Qualifikationsphase (11./12. Klasse)	Abiturprüfung (in fünf Fächern)	Gesamtergebnis = Abiturnote
max. 600 Punkte	max. 300 Punkte	max. 900 Punkte

Prüfungsaufgaben und -stoff des Kolloquiums

Während die **schriftlichen Abituraufgaben** – in Geographie wie auch in allen anderen Fächern – **zentral** vom Kultusministerium vorgegeben sind, werden die Aufgaben für die **mündlichen Abiturprüfungen dezentral** an den Schulen selbst erstellt. Üblicherweise wird Ihr(e) Kursleiter(in) die Kolloquiumsprüfung konzipieren. Dieses Vorgehen hat für Sie den Vorteil, dass die Prüfungsaufgaben mit Blick auf die **konkrete Umsetzung des Lehrplans in Ihrem Kurs** entworfen werden. Der Kursleiter weiß, welche Themen vertieft behandelt, welche hingegen nur knapp angerissen wurden. Er kann also einschätzen, welche fachlichen Kenntnisse und methodischen Fähigkeiten zu erwarten sind, und wird dies bei der **Erstellung, Durchführung und Bewertung Ihrer Prüfung** berücksichtigen.

Wichtig ist für Sie auch, dass Sie im Kolloquium nicht den gesamten Stoff der vier Ausbildungsabschnitte (Kurshalbjahre) gleichermaßen vertieft beherrschen müssen. Die Prüfungsvorbereitung beschränkt sich auf **drei Kurshalbjahre:** Sie dürfen die **Lerninhalte von 11/1 oder 11/2 ausschließen.** Aus einem der drei verbleibenden Ausbildungsabschnitte wählen Sie nun Ihren **Prüfungsschwerpunkt** und – spätestens vier Wochen vor dem Prüfungstermin – einen der darin vorkommenden **Themenbereiche:** Aus dem gewählten Themenbereich stammt schließlich das Thema für das **Kurzreferat,** das Sie in der Kolloquiumsprüfung halten müssen.

BEISPIEL Auswahl des Themenbereichs im Prüfungsschwerpunkt

Prüfungsschwerpunkt
Kurshalbjahr 11/2
- -
Beispiel für einen Themenbereich im ausgewählten Halbjahr
Wasser als Lebensgrundlage
- -
Mögliche Referatsthemen für die Prüfung aus dem Themenbereich
(1) Wasserversorgung in Israel und Palästina
(2) Menschliche Eingriffe in den natürlichen Wasserhaushalt

Wie die einzelnen Themenbereiche gestaltet werden ist sehr unterschiedlich und wird letztlich von Ihrem Kursleiter ganz individuell entschieden. Am besten erkundigen Sie sich daher möglichst früh bei Ihrem Kursleiter nach möglichen Themenbereichen. Im Folgenden sehen Sie ein Beispiel zur Untergliederung der Kurshalbjahre. Beachten Sie jedoch, dass das Beispiel nur eine mögliche Einteilung zeigt. Es ist durchaus möglich, dass Ihr Prüfer eine andere Einteilung vornimmt.

Beispiel zur Gliederung nach Themenbereichen (Kurshalbjahre und Oberthemen)

Ausbildungsabschnitt 11 / 1:
(1) Die großen Kreisläufe (atmosphärische und ozeanische Zirkulation)
(2) Die Tropen
(3) Die kalte Zone

Ausbildungsabschnitt 11 / 2:
(1) Wasser als Lebensgrundlage
(2) Rohstofflagerstätten und deren Nutzung
(3) Umweltrisiken und menschliches Verhalten

Ausbildungsabschnitt 12 / 1:
(1) Merkmale und Ursachen unterschiedlicher Entwicklung
(2) Bevölkerungsentwicklung und Verstädterung
(3) Globalisierung

Ausbildungsabschnitt 12 / 2:
(1) Entwicklungsprozesse in städtischen und ländlichen Räumen Deutschlands
(2) Tourismus in Deutschland
(3) Demographische Prozesse und wirtschaftsräumliche Disparitäten in Deutschland

Zugelassene Hilfsmittel

Als Hilfsmittel für das Kolloquium dürfen Sie einen **Taschenrechner** sowie die zugelassenen **Geographie-Atlanten** benutzen. Informieren Sie sich frühzeitig über die derzeit zugelassenen Atlanten und prüfen Sie, ob Sie Ihren Atlas/Ihre Atlanten auch tatsächlich im Kolloquium verwenden dürfen. Denken Sie daran, dass Sie Ihren Atlas für die Prüfung <u>nicht</u> mit Kommentaren oder Notizen versehen dürfen. Es ist allerdings gestattet, Post-its einzukleben, die es Ihnen erleichtern, bestimmte Seiten schneller zu finden.

Sie finden in diesem Band zu jedem Referat eine Auswahl an **themenspezifischen Atlaskarten**, die Ihnen bei der Vorbereitung der Referate hilfreich sein können. Die Seitenangaben beziehen sich dabei auf folgende Ausgaben:

- Diercke Weltatlas, ISBN 978-3-14-100700-8, 1. Aufl. 08/Dr. A^{1}08, Zulassungsnummer 16/08-G/R
- Haack Weltatlas, Bayern, ISBN 978-3-623-49645-0, 1. Aufl. 08/1. Dr. 08, Zulassungsnummer 125/08-G

Tipps zur Auswahl von Prüfungsschwerpunkt und Themenbereich

Spätestens **sechs** Wochen vor Beginn der schriftlichen Prüfungen müssen Sie auch Ihre mündlichen Abiturfächer festgelegt haben. Von Ihrem Kursleiter erhalten Sie ein **Formular** mit einer Liste der **Themenbereiche** für das Kolloquium. Nun müssten Sie für sich folgende Fragen klären:

- Soll ich das Kurshalbjahr **11/1 oder 11/2** ausschließen?
- Welcher der drei verbleibenden Ausbildungsabschnitte soll meinen **Prüfungsschwerpunkt** bilden?
- Welchen **Themenbereich** im Schwerpunkt wähle ich für mein Referat aus?

Hierfür gibt es kein Patentrezept. Manchen Schülern gelingt es, sich gezielt für einen Themenbereich zu entscheiden; anderen fällt es hingegen leichter, zuerst die Themen auszuschließen, die sie sehr schwer oder nicht so interessant finden. Für die endgültige Entscheidung könnten folgende Fragen hilfreich sein:

- Bei welchem Themenbereich habe ich sofort **passende Fakten oder Bilder** vor Augen, mit welchem verbinde ich hingegen gar nichts?
- Für welches Thema kann ich mich besonders **begeistern**, für welches weniger?
- Ist mir ein **Deutschlandbezug** wichtig oder interessieren mich **globale Themen** bzw. ferne Regionen?
- Interessiere ich mich eher für **Natur** (Klima, Naturräume) oder **Kultur** (Wirtschaft, Gesellschaft)?
- Ökologie, Wirtschaft, Gesellschaft … Für welche **Aspekte der Geographie** kann ich mich besonders begeistern?
- Interessiere ich mich eher für **bestimmte Räume** (z. B. die kalte Zone) oder für **Strukturen und Entwicklungen** (z. B. Verstädterung)?
- Bei welchem Thema habe ich besonders gute **Leistungen** erzielt, bei welchem eher schlechte?
- Bei welchem Themenbereich war ich regelmäßig im Unterricht **anwesend**, bei welchem habe ich öfter gefehlt?
- Zu welchem Thema habe ich vollständige **Unterlagen** und ausführliche **Mitschriften**, um mich gut vorbereiten zu können, zu welchen nicht?
- Welche Themen wurden besonders **ausführlich behandelt**, welche eher knapp?
- Habe ich den **Kurs gewechselt** oder einen **neuen Kursleiter** bekommen? Hat sich dadurch die Arbeitsweise oder der Anspruch geändert?

Während sich die ersten Fragen eher auf das **persönliche Interesse** an bestimmten Fachinhalten beziehen, nehmen die weiteren Punkte eher **pragmatische Aspekte** in den Blick. Beides sollten Sie beachten. Sollten Sie sich noch unsicher sein, tauschen Sie sich mit Ihrem Kursleiter, Ihrer Familie oder Ihren Mitschülern aus, um im Gespräch Ihre Stärken und Schwächen herauszufinden.

Aufbau der Prüfung

Das Kolloquium gliedert sich in **zwei Prüfungsteile** von jeweils etwa **15 Minuten** Dauer. Im **ersten Prüfungsteil** halten Sie zunächst Ihr **Kurzreferat** (ca. 10 Minuten). Daran schließt sich ein Gespräch an, das ausgehend von Ihrem Vortrag geführt wird (ca. 5 Minuten). Es beginnt üblicherweise mit konkreten **Nachfragen zum Referat:** Sie werden z. B. gebeten, fehlende Aspekte zu ergänzen, Definitionen zu präzisieren oder Ihre Einschätzungen und Urteile genauer zu begründen. Darüber hinaus werden dann weitere **Fragen zum Schwerpunkt** gestellt. Die restlichen Inhalte des Kurshalbjahrs sind nur insoweit wichtig für die Prüfung, als sie Grundwissen für das Gespräch bilden bzw. evtl. wichtige Anknüpfungspunkte zum gewählten Themenbereich sind.

In der **zweiten Hälfte** der Prüfung müssen Sie Fragen zu den beiden anderen ausgewählten Ausbildungsabschnitten beantworten. Für gewöhnlich werden die Kurshalbjahre nacheinander mit einem vergleichbaren zeitlichen Umfang abgehandelt.

Der Aufbau der Prüfung im Überblick

1. Prüfungsteil	• Kurzreferat aus dem gewählten Themenbereich	ca. 10 Minuten
	• Prüfungsgespräch ausgehend vom Referat	ca. 5 Minuten
2. Prüfungsteil	Prüfungsgespräch zu den beiden anderen ausgewählten Ausbildungsabschnitten	ca. 15 Minuten

Thema und Aufgabenstellung des Kurzreferats

Am Prüfungstag wird Ihnen das Thema Ihres Kurzreferats **in schriftlicher Form** vorgelegt. Dazu erhalten Sie in der Regel mindestens ein **Material**, das Sie für den Vortrag auswerten müssen. Häufig verwendet werden z. B. Textquellen, Diagramme, Bildquellen (Satellitenbilder, Luftbilder, Karikaturen, Fotografien), Karten oder aufbereitete Daten in Form von Tabellen und Schaubildern. In den Referaten des vorliegenden Bands können Sie den Umgang mit unterschiedlichen Materialtypen üben. Sollte die Aufgabe **ohne Material** angelegt sein, müssen Sie zwar keine Quelle erschließen; nachteilig ist allerdings, dass Sie dadurch **weniger Anknüpfungspunkte** für die Gestaltung Ihres Referats erhalten. Auch ist es womöglich schwieriger, das Thema zu strukturieren, da Sie nicht vom gegebenen Material geleitet werden. In diesem Fall muss Ihre Stoffsammlung besonders gründlich ausfallen, da Sie viele Fakten, Daten oder Beispiele finden sollten, um Ihre Ausführungen zu belegen.

An vielen Schulen ist es üblich, das Referatsthema nicht nur anzugeben, sondern die Aufgabenstellung noch zu konkretisieren und mit den bekannten **Operatoren** zu versehen. Verbreitet ist dabei eine **Dreiteilung**, die sich an den **drei Anforderungsbereichen** (AFB) orientiert. Eine noch stärkere Vorstrukturierung dürfte kaum vorkommen. Dagegen kann es durchaus sein, dass Sie weniger Vorgaben bekommen und das Thema selbst sinnvoll untergliedern müssen. Lassen Sie sich von Ihrem Kursleiter auf jeden Fall ein **Muster- bzw. Übungsthema** geben und fragen Sie ihn direkt, wie er seine

Referatsthemen für gewöhnlich stellt. Auf diese Weise erleben Sie am Prüfungstag keine unangenehme Überraschung.

BEISPIEL Möglicher Aufbau einer Aufgabe zum Kurzreferat „Neuorientierung altindustrieller Räume in Deutschland: Der Strukturwandel und seine Folgen" (Übungsreferat 7)

1. *Erläutern Sie die Ursachen sowie die Folgen des Strukturwandels altindustrieller Räume Deutschlands an einem selbst gewählten Beispiel.*	Sie sollen bekannte Sachverhalte selbstständig und umfassend erklären und dazu ein selbst gewähltes Beispiel heranziehen. Hier gilt es, Ihr Fachwissen unter Beweis zu stellen.
2. *Beschreiben Sie vor diesem Hintergrund das Projekt „CreativRevier Heinrich Robert" in Hamm (östliches Ruhrgebiet).*	Sie müssen ein oder mehrere passende Materialien sichten und die zentralen Informationen daraus zielgerichtet und schlüssig wiedergeben. Bei der Auswertung des Materials ist Ihre Methodenkompetenz gefragt.
3. *Bewerten Sie das Projekt aus ökologischer, ökonomischer und sozialer Sicht.*	Es wird ein reflexiver Umgang mit der Fragestellung erwartet. Sie müssen Ihr Fachwissen selbstständig anwenden und unter Verwendung gelernter Arbeitstechniken und Methoden zu einer Bewertung gelangen. Dabei sind die zugrunde gelegten Kriterien unbedingt zu berücksichtigen.

Die weiteren **Fragen zum Schwerpunkt**, die sich im ersten Prüfungsteil an das Referat anschließen, werden üblicherweise ebenfalls als Aufgaben mit Operatoren gestaltet und decken dabei verschiedene Anforderungsbereiche ab.

Aufgabenstellung im zweiten Prüfungsteil

Im **zweiten Prüfungsteil** werden Ihnen Aufgaben zu den beiden verbleibenden Ausbildungsabschnitten/Kurshalbjahren gestellt. Die dafür vorgesehenen 15 Minuten sollten dabei gleichmäßig aufgeteilt werden. Auch hier gilt, dass die Fragen üblicherweise als Aufgabenstellungen mit **Operatoren** formuliert werden. Zudem sollen die Aufgaben wieder verschiedene **Anforderungsbereiche** abdecken. Hierbei gibt es jedoch kaum Vorgaben. Grundsätzlich geht es weniger darum, Detailwissen unter Beweis zu stellen, sondern vielmehr **fundiertes Grundwissen** zu zeigen.

Auch im zweiten Prüfungsteil können Ihnen **Materialien** vorgelegt werden. Da man aber Zeit dafür benötigt, das Material zu sichten und bei der Beantwortung der Frage einzubringen, wird die eingesetzte Quelle vermutlich schnell zu erfassen sein (z. B. Bildquellen wie Karikaturen, knappe Zitate oder ein Material, das Sie schon aus dem Unterricht kennen). Im Fragenteil (ab S. 101) haben Sie die Möglichkeit, auch solche Fälle zu üben.

Anforderungsbereiche und Operatoren

Die folgende Liste stellt eine Auswahl wichtiger **Operatoren** dar. Einige davon finden Sie in den **Übungsreferaten** (ÜR) dieses Bandes wieder. Sie umfassen die **Anforderungsbereiche I** (Reproduktion), **II** (Transfer) und **III** (Problemlösung).

AFB I (Reproduktion):

Operator	Definition	Beispiele
beschreiben	wesentliche Informationen aus Material oder aus Kenntnissen zusammenhängend und schlüssig wiedergeben	ÜR 1, 2, 5, 7, 8
darstellen	Informationen und Sachzusammenhänge geordnet verdeutlichen	ÜR 6
charakterisieren	Sachverhalte und Vorgänge mit ihren typischen Merkmalen beschreiben	

AFB II (Transfer):

Operator	Definition	Beispiele
einordnen	Sachverhalte und Vorgänge begründet in einen vorgegebenen Zusammenhang stellen	ÜR 1
analysieren	Materialien oder Sachverhalte systematisch und gezielt untersuchen und auswerten	
erläutern	Sachverhalte im Zusammenhang beschreiben und anschaulich mit Beispielen oder Belegen erklären	ÜR 2, 4, 5, 6, 7
vergleichen	Gemeinsamkeiten und Unterschiede gewichtend einander gegenüberstellen und ein Ergebnis formulieren	

AFB III (Problemlösung):

Operator	Definition	Beispiele
überprüfen	Sachverhalte auf Richtigkeit und innere Logik untersuchen	ÜR 4
beurteilen	Aussagen, Vorschläge oder Maßnahmen auf ihre Stichhaltigkeit bzw. Angemessenheit prüfen und dabei die angewandten Kriterien nennen	ÜR 1
bewerten	Aussagen, Vorschläge oder Maßnahmen beurteilen und dabei die eigenen Wertmaßstäbe offenlegen	ÜR 2, 7
Konzept entwickeln	Ansätze und Vorschläge zur zielgerichteten Lösung eines Problems erarbeiten	ÜR 6, 8
Stellung nehmen	unter Abwägung unterschiedlicher Argumente zu einer begründeten Einschätzung eines Sachverhalts oder einer Behauptung gelangen	ÜR 4
erörtern	zu einer vorgegebenen Problemstellung durch Abwägen von Für- und Wider-Argumenten ein begründetes Urteil fällen	ÜR 3, 5

Die Bewertung Ihrer Leistung durch die Prüfer

Sie sollten sich vor Augen führen, dass es in einer mündlichen Prüfung zum einen auf den **Inhalt**, zum anderen auf die **Darbietung und die Art des Vortrags** ankommt: Neben fachlichen Kenntnissen müssen Sie Ihre Gesprächsfähigkeit unter Beweis stellen. Diese Kriterien sollten Sie bereits berücksichtigen, wenn Sie sich auf das Kolloquium vorbereiten.

Fachliche Kenntnisse und Fähigkeiten sind:
- die genaue Erfassung der **Aufgaben- und Fragestellungen**
- **Fachkenntnisse**, d. h. die eigentlichen Inhalte des Fachs Geographie
- ein fachspezifisches **Urteilsvermögen** und die Fähigkeit, Zusammenhänge herzustellen
- die Beherrschung fachspezifischer **Methoden** und der **Fachsprache**

Zur **Gesprächsfähigkeit** gehören:
- die Art des Vortrags
- die sinnvolle Gliederung des Kurzreferats und der Gedankenführung in Gesprächsbeiträgen
- die sprachliche Darbietung im Referat und bei der Beantwortung von Fragen
- die Begründung eigener Standpunkte sowie das Eingehen auf Fragen und Hilfestellungen

Die Vorbereitung auf das Kolloquium

Wenn Sie die bisherigen Ausführungen aufmerksam gelesen haben, haben Sie schon einen Teil der Prüfungsvorbereitung geleistet: Sie haben sich mit **Ihren Interessen, Stärken und Schwächen** auseinandergesetzt und sich mit **Bestandteilen, Abläufen und allgemeinen Anforderungen** der Prüfung vertraut gemacht. Jetzt müssen Sie den Prüfungsstoff „nur" noch **lernen**. Doch wie geht man dabei am besten vor?

Zeitmanagement
- Legen Sie Ihren **Lernplan frühzeitig** fest, um vor den Prüfungen nicht unter Zeitdruck zu geraten. Nehmen Sie einen Kalender zur Hand und zählen Sie die bis zu den Abiturprüfungen verbleibenden Wochen. Tragen Sie ein, wann Sie mit der Vorbereitung auf das Geographie-Kolloquium beginnen wollen.
- Natürlich ist Geographie wichtig. Denken Sie aber bei Ihrer Zeitplanung daran, dass Sie auch für die **anderen Abiturfächer** genügend Vorbereitungszeit brauchen.
- Bauen Sie ausreichend **Zeitpuffer** in Ihren Lernplan ein. So sind Sie auf etwaige Verzögerungen vorbereitet, z. B. für den Fall, dass Sie einmal krank werden oder nach den anderen Abiturprüfungen ein wenig Erholung brauchen sollten.

Organisation des Prüfungsstoffs

- Überprüfen Sie, ob Ihre **Unterlagen vollständig** sind, und besorgen Sie sich ggf. fehlende Einträge oder Arbeitsblätter. Stellen Sie auch sicher, dass Sie Ihre eigenen Mitschriften noch lesen und nachvollziehen können.
- Haben Sie noch Ihr **Schulbuch aus der 11. Klasse?** Sollte dies nicht der Fall sein, leihen Sie es sich am besten noch einmal aus.
- Machen Sie sich mit den **Atlanten,** die im Kolloquium als **Hilfsmittel** zugelassen sind, vertraut. Suchen Sie Karten heraus, die für Ihr Schwerpunktthema wichtig sein könnten. Dies hilft Ihnen nicht nur bei der Wiederholung des Prüfungsstoffs, sondern auch dabei, passendes Kartenmaterial während des Kolloquiums schneller zu finden.
- Nehmen Sie die **Schulaufgaben** und Tests heraus, die Sie in den vergangenen beiden Jahren in Geographie geschrieben haben. Haben die Aufgaben- und Fragestellungen Ihres Kursleiters eine bestimmte „Handschrift", aus der Sie vielleicht Schlüsse für die Kolloquiumsprüfung ziehen könnten?

Methoden

- Machen Sie sich erneut mit den Techniken der **Materialauswertung** vertraut. In der Regel enthalten die Schulbücher entsprechende **Anleitungen,** wie an Materialien (z. B. Karten, Texte, Schaubilder, Tabellen oder Diagramme) herangegangen werden kann. Vielleicht hat Ihr Kursleiter Ihnen aber auch ein eigenes **Arbeitsblatt mit Hinweisen** ausgeteilt, das Sie genau studieren sollten.
- An manchen Schulen existiert ein **Methodencurriculum,** das Sie ggf. zu Rate ziehen können. Dieses enthält üblicherweise schulintern festgelegte, fachübergreifende Verfahren zur Materialauswertung.

Inhaltliche Vorbereitung

- Teilen Sie Ihr Schwerpunktthema und die beiden anderen Ausbildungsabschnitte in **Unterthemen** ein. So können Sie den gesamten Stoff schrittweise erlernen.
- Viele Schulbücher enthalten **Einführungsseiten** oder **Zusammenfassungen,** die die zentralen Inhalte und Problemstellungen eines Kapitels vorstellen. Hier können Sie sich einen Überblick über relevante Aspekte eines Themas verschaffen.
- Es ist oft hilfreich, die zentralen Inhalte eines Themas in Form einer **Mindmap** oder einer anderen Übersicht zusammenzustellen. Auf diese Weise können Sie sich auch selbst vor Augen führen, was Sie schon gut können und was Sie noch einmal wiederholen sollten.
- Überlegen Sie sich, wie Sie **zentrale Begriffe** möglichst prägnant **definieren** können. Auf diese Weise zeigen Sie, dass Sie wichtige Grundbegriffe gut verstanden haben, und können Ihre Prüfer mit diesem Wissen beeindrucken.
- Um Verständnisprobleme zu lösen, kann es helfen, ein **weiteres Geographieschulbuch** (z. B. aus der Schulbibliothek) heranzuziehen. Manche Darstellungen und Formulierungen prägt man sich nämlich gut ein, andere weniger. Zudem können

Sie so das Wesentliche herausfiltern: Themen, die in beiden Büchern enthalten sind, sind bestimmt auch wichtig.

Vorbereitung auf das Prüfungsformat

- Bereiten Sie sich auch auf das spezielle Prüfungsformat des Kolloquiums (Vortrag und Fragenteil) vor.

- Simulieren Sie die **Vorbereitungszeit** und den **Vortrag**, indem Sie die Musterreferate in diesem Band heranziehen oder sich eigene Referatsthemen ausdenken. Üben Sie den Ernstfall auch, indem Sie Ihre Ergebnisse **mündlich vortragen**. Dabei können Sie sich selbst aufnehmen oder das Referat vor Ihrer Familie oder Ihren Freunden halten.

- Besonders im zweiten Prüfungsteil wird Ihnen eine Reihe von **Fragen** gestellt, die Sie **sinnvoll und strukturiert beantworten** sollen. Die Beispielfragen im zweiten Teil des Bands können Ihnen hier bei der Vorbereitung helfen.

Hinweise zur Bearbeitung der Prüfungsaufgaben

30 Minuten vor Prüfungsbeginn erhalten Sie Ihr Thema in schriftlicher Form und Ihre **Vorbereitungszeit** beginnt. Erkundigen Sie sich rechtzeitig, ob im Vorbereitungsraum Konzeptpapier und Stifte für Ihre **Aufzeichnungen** bereitgestellt werden. Sie dürfen Notizen als **Gedächtnisstütze** für Ihren Vortrag anfertigen und diese auch in die Prüfung mitnehmen. Achten Sie darauf, dass Sie Ihre Gedanken verständlich und leserlich aufschreiben, damit Sie sich während des Referats gut daran orientieren können.

Bringen Sie außerdem vorher in Erfahrung, welche **Visualisierungsmöglichkeiten** im Prüfungsraum vorhanden sind. Viele Schüler wollen den Aufbau ihres Referats und dessen wichtigste Ergebnisse zusätzlich zur mündlichen Präsentation **veranschaulichen**. Vielleicht fällt Ihnen ja ein prägnantes Schaubild oder eine Strukturskizze zu Ihrem Referatsthema ein, die Sie Ihren Prüfern gerne zeigen möchten. Auch kann die Visualisierung der **Materialien** hilfreich sein (z. B. bei komplexeren Bildquellen), um auf bestimmte Ausschnitte oder Elemente zu verweisen.

Wenn Sie Inhalte veranschaulichen möchten, sollten Sie bei der Anfertigung Ihrer Aufzeichnungen auch auf eine **ordentliche äußere Form** achten. Manchmal werden im Vorbereitungsraum Folien ausgelegt, die Sie beschriften und während des Vortrags projizieren können; an immer mehr Schulen ist es mittlerweile möglich, mit Dokumentenkamera (Visualizer) und Beamer zu arbeiten. Das Anfertigen eines Tafelbilds während der Präsentation nimmt dagegen viel Zeit in Anspruch.

Als **Hilfsmittel** für die Vorbereitung des Referats dürfen Sie Ihren Atlas verwenden. Es ist durchaus sinnvoll, mit verschiedenen Atlanten zu arbeiten, da die Darstellung und die Schwerpunktlegung in den unterschiedlichen Atlanten oft variieren. Häufig werden Ihnen Atlanten verschiedener Verlage von Ihrer Schule zur Verfügung gestellt. Das sollten Sie jedoch unbedingt im Vorhinein mit Ihrem Kursleiter absprechen. Wenn Sie sich schon vor dem Kolloquium mit den Atlanten beschäftigt haben, finden Sie schnell Karten zu Ihrem Thema oder können ausschließen, dass für Sie relevantes Kartenmaterial im Atlas vorhanden ist. Es ist möglich, passendes Kartenmaterial nicht nur für die Vorbereitung, sondern auch für die Präsentation des Referats zu verwenden.

Angesichts der relativ knappen Vorbereitungszeit ist ein gutes **Zeitmanagement** unerlässlich. Innerhalb von etwa 30 Minuten müssen Sie die Aufgabenstellung klären, Ihr Faktenwissen zum Referatsthema aktivieren, das vorgegebene Material sichten und auswerten, sich ein Urteil über einen bestimmten Sachverhalt bilden und schließlich Ihre gesamten Ergebnisse sinnvoll strukturieren. Überlegen Sie sich vorher, wie viel Zeit Sie für welchen Arbeitsschritt verwenden wollen. Die Vorbereitung eines Referats und die Anfertigung von Notizen können Sie mit vorliegendem Band anhand der ausführlichen Gliederungen der Musterreferate üben.

Wichtig ist, die **Aufgabenstellung** genau zu **erschließen**. Markieren Sie die **Operatoren** und klären Sie die wesentlichen **Begriffe**, indem Sie diese definieren, umschreiben oder passende Beispiele und Gegenbegriffe finden. Einen Vorschlag, wie Sie dabei vorgehen können, finden Sie im folgenden Anwendungsbeispiel. Führen Sie diese Themenerschließung zumindest mündlich für alle Teile der Aufgabenstellung durch.

BEISPIEL Klärung der Begriffe einer Teilaufgabe

Erläutern Sie sowohl den Bevölkerungsaufbau als auch die Bevölkerungsentwicklung im Niger.

Was bedeutet ...

erläutern?	einen Sachverhalt im Zusammenhang beschreiben und anschaulich mit Beispielen oder Belegen erklären
Bevölkerungsaufbau?	• aktuelle Zusammensetzung der Bevölkerung • Verhältnis zwischen Männern und Frauen sowie zwischen alten und jungen Menschen • häufige Darstellung: Bevölkerungspyramide
Bevölkerungs-entwicklung?	• Veränderung der Bevölkerungszahlen in einem gewissen Zeitraum • Parameter: durchschnittliche Wachstumsrate in Prozent oder absolute Bevölkerungszahlen
Niger?	• konkretes Land • Lage: Westafrika, Sahelzone

Anschließend geht es an die **Bearbeitung des Referatsthemas**. Notieren Sie sich relevante Aspekte, die Ihnen zur Fragestellung einfallen. Sollten Ihnen noch wichtige Punkte fehlen, versuchen Sie, diese Lücken zu schließen: Sollen Sie z. B. eine Entwicklung aufzeigen, kann es sich lohnen, Anfangs- und Endsituation gegenüberzustellen und zu überlegen, was in der Zwischenzeit geschehen ist und warum.

Bei der **Auswertung der Materialien** sollten Sie wichtige Erkenntnisse auf jeden Fall stichpunktartig notieren. Falls Sie eine Textquelle vorliegen haben, bietet es sich an, mit **Markierungen** und **Kommentaren** am Rand zu arbeiten. Was Sie darüber hinaus verschriftlichen, müssen Sie selbst entscheiden. Meistens werden Sie die Materialien auf eine bestimmte **Fragestellung** hin untersuchen, sodass Sie manche Aspekte ggf. nicht beachten müssen. In den Hinweisen zu den Musterreferaten dieses Bands erhalten Sie Tipps, wie Sie an die Auswertung der Materialien herangehen können.

Auftreten am Prüfungstag

Informieren Sie sich rechtzeitig über **Zeit und Ort Ihrer Kolloquiumsprüfung** (Vorbereitung und Prüfung). Kommen Sie lieber etwas früher: Wer gestresst und abgehetzt erscheint, kann sich womöglich schlechter konzentrieren.

Überlegen Sie sich bereits am Vortag, was Sie anziehen wollen. Mit jedem **Kleidungsstil** ist eine bestimmte Wirkung verbunden. Das heißt nicht, dass Sie Sakko und Hemd bzw. Bluse und Kostüm tragen müssen; wenn Sie sich darin nicht wohlfühlen, kann sich das auf Ihre Leistung auswirken. Sie sollten aber auch nicht zu leger auftreten. Kleiden Sie sich ordentlich und dem Anlass entsprechend. Nehmen Sie auf jeden Fall eine **Uhr** mit in die Prüfung, z. B. einen Wecker mit großem Display. So können Sie – besonders während des Referats – die Zeit im Auge behalten.

Im Vorfeld der Prüfung sollten Sie darüber nachdenken, ob Sie Ihr Referat lieber **im Stehen oder im Sitzen** halten möchten. Manche Schüler stehen beim Vortrag, weil sie sich dadurch wacher fühlen, besser mit **Mimik und Gestik** arbeiten können und flexibler sind, wenn sie Inhalte visualisieren möchten. Andere fühlen sich unwohl und werden unsicher, wenn sie vor einem nur sehr kleinen Publikum, den zwei Prüfern, einen Vortrag im Stehen halten müssen. Rufen Sie sich in Erinnerung, wie es Ihnen bei **früheren Referaten** ergangen ist und welche Position sich am besten angefühlt hat. Sollten Sie außerdem am Prüfungstag sehr aufgeregt sein, versuchen Sie, bestimmte Gesten zu vermeiden, die Ihre Nervosität verraten können (z. B. die Haare oft aus dem Gesicht streichen, mit einem Stift spielen).

Bei der Vorbereitung sollten Sie zunächst überlegen, ob Sie Ihre Ergebnisse **visualisieren** wollen. In der Regel wird dies gut ankommen. Denken Sie ferner über die Art und Weise der Präsentation nach. Dies kann sich nämlich auch auf Ihr Auftreten während des Vortrags auswirken. Achten Sie z. B. darauf, dass Sie Ihren Prüfern nicht ständig den Rücken zukehren, zur Tafel sprechen oder sich hinter dem Overheadprojektor verstecken. Sie sollten grundsätzlich **gut zu sehen und zu hören** sein.

Am Ende der Vorbereitungszeit werden Sie in der Regel von Ihrem **Kursleiter** abgeholt und zum **Prüfungsraum** geführt. Ein bisschen Small Talk kann dabei beruhigend wirken und Ihnen ein wenig die Aufregung nehmen. Begrüßen Sie im Prüfungsraum den **Zweitprüfer** und versuchen Sie zu lächeln. Der Zweitprüfer führt die Mitschrift; lassen Sie sich nicht davon verwirren, dass er Sie während der Prüfung wahrscheinlich selten anschaut, sondern mit Schreiben beschäftigt ist.

Teilen Sie den Prüfern mit, ob Sie stehen oder sitzen wollen und wie Sie ggf. Ihre Ergebnisse visualisieren wollen. Stellen Sie Ihren Wecker so auf, dass Sie ihn gut im Blick haben. Nehmen Sie **Blickkontakt** zum Prüfer auf, um auf dessen Zeichen hin mit dem Kurzreferat zu beginnen. Halt! Atmen Sie vorher besser noch einmal kräftig durch. Los geht's!

Tipps für den Vortrag und die Aufgaben des zweiten Prüfungsteils

- Auch wenn Sie vor der Prüfung nervös sind: **Trauen Sie sich** etwas zu und zeigen Sie Ihr Wissen.

- Sprechen Sie **laut, deutlich und nicht zu schnell**.

- Formulieren Sie kurze und klare Sätze. Verwenden Sie **Fachsprache** und vermeiden Sie Umgangssprache.

- Unterstreichen Sie Ihre Aussagen mit **Gesten**.

- **Strukturieren** Sie Ihren Vortrag, indem Sie auf die einzelnen Gliederungspunkte verweisen. Dies kann durch sprachliche Mittel wie „erstens", „zweitens" usw. geschehen.

- Wenn Sie den Faden verlieren: **Bleiben Sie ruhig** und wiederholen Sie einfach den letzten Satz.

- **Fragen Sie nach**, wenn Sie eine Frage nicht richtig verstanden haben.

- Beachten Sie, dass Sie auch im zweiten Prüfungsteil mitunter **Aufgaben mit mehreren Operatoren** erhalten. Hier können Sie mit gut strukturierten Antworten punkten. Wenn Sie sich nach einiger Redezeit nicht mehr an den zweiten Operator erinnern, dann fragen Sie nach.

- Lassen Sie sich **nicht verunsichern**, wenn Sie von Ihrem Prüfer kein Feedback erhalten. Manche halten sich damit während der Prüfung sehr zurück. Wundern Sie sich auch nicht, falls sich Ihr Kursleiter Ihnen gegenüber förmlicher verhält als im Unterricht. Lassen Sie sich außerdem nicht aus der Fassung bringen, wenn die Lehrkraft Sie unterbricht: Das muss nicht immer heißen, dass Sie falsch liegen; vielleicht wird einfach nur die Prüfungszeit knapp.

- Wenn der Prüfer nach dem Ende Ihres Beitrags nicht gleich die nächste Frage stellt, können Sie die kleine Pause nutzen, um Ihre Antwort ggf. noch zu ergänzen.

1 Geographie als Prüfungsfach wählen, weil Sie gerne verreisen.

2 Das Schwerpunktthema von Ihrem großen Bruder auswählen lassen, weil der schließlich schon studiert.

3 Geographie als Kolloquiumsfach wählen, weil Sie in „Stadt-Land-Fluss" immer gut waren.

4 Die gesamte Vorbereitung auf das Wochenende vor der Prüfung konzentrieren, um nicht allzu viel wieder zu vergessen.

5 Alle wichtigen Inhalte des Schwerpunktthemas ausschließlich googeln, um die „Schwarmintelligenz" des Internets zu nutzen.

6 Im Vorbereitungsraum nur die Aufgaben bearbeiten, zu denen Ihnen gleich etwas einfällt. Alles andere wäre schließlich Verschwendung von Arbeitszeit!

7 Die beigefügten Materialien nicht beachten, weil Sie sich auch so im Thema auskennen und Sie die Materialien daher nur ablenken würden.

8 Prüfungsinhalte mit Beispielen aus dem eigenen Alltag verbinden oder mit flotten Sprüchen kommentieren („Die Ein-Kind-Politik ging ganz schön in die Hose. Das hätten die Chinesen mal besser gelassen."), um die Prüfungsatmosphäre aufzulockern oder die Zeitvorgabe beim Kurzreferat leichter zu erfüllen.

9 Auf unnötigen Ballast wie Fachbegriffe, Daten und Fakten komplett verzichten, um nicht vom „Wesentlichen" abzulenken. Ob Nigeria in den Tropen oder Subtropen liegt, ist schließlich egal. Ist das nicht irgendwie dasselbe?

10 Dem Prüfer zuerst immer nur „ein paar Brocken hinwerfen", also kurz und unzusammenhängend antworten. Er wird schon von selbst erkennen, dass Sie eigentlich viel mehr wissen, aber nicht so lange reden möchten.

11 Bei Wissenslücken lange ins Leere schauen oder die Augen verdrehen, um zu signalisieren, dass Sie die Aufgabe nicht verstanden haben.

12 Nach jeder Antwort den Prüfer um eine Einschätzung der Leistung bitten, um Sicherheit zu gewinnen und Prüfungszeit verstreichen zu lassen.

1. PRÜFUNGSTEIL

Bayern Geographie
Kolloquium ▪ Übungsreferat 1

Lehrplanbereich	Der blaue Planet und seine Geozonen (Kurshalbjahr 11/1)
Thema des Referats	Die marine Zirkulation und ihre Wechselwirkung mit der Atmosphäre

Aufgabenstellung

Beschreiben Sie den Verlauf und die Temperaturverhältnisse der in M 1 dargestellten ozeanischen Oberflächenströmungen und ordnen Sie diese in den ursächlichen Zusammenhang des globalen marinen „Förderbands" ein. Beurteilen Sie zudem anhand eines selbst gewählten Beispiels die Bedeutung der Weltmeere für das globale Klimageschehen.

**Marine Oberflächenströmungen im Atlantik
(schematische Darstellung)**

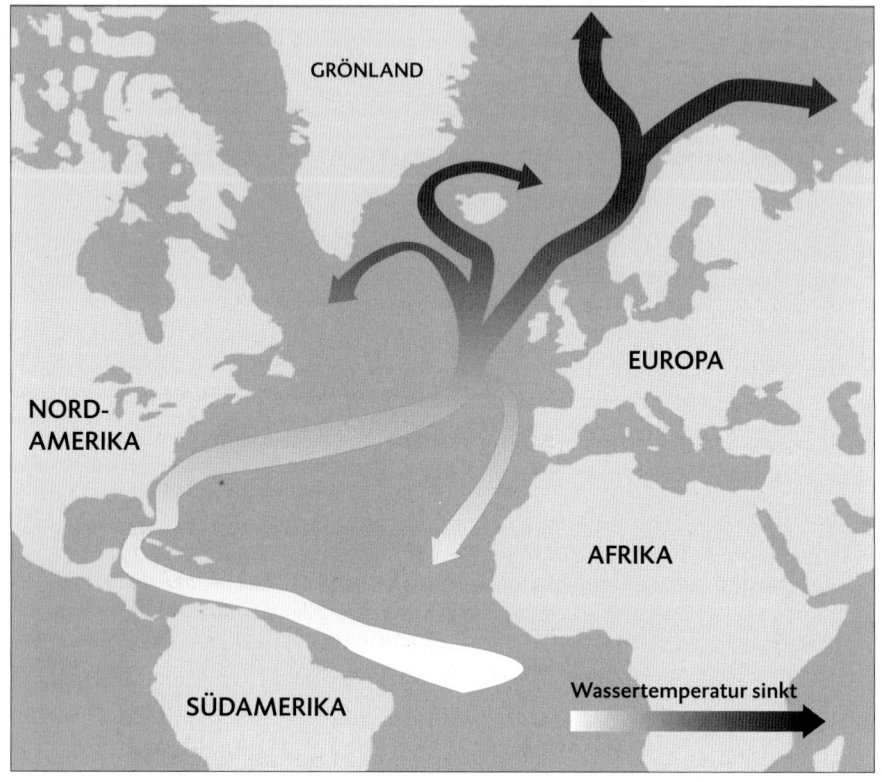

eigene Darstellung

Lösungsvorschlag

TIPP *Hinweise zur Themenerschließung*

Ein Blick auf die **Operatoren** der Aufgabenstellung lässt bereits eine geeignete **Grobstruktur** des Referats erkennen. Dabei kommt der Beantwortung des ersten Arbeitsauftrags („beschreiben Sie") die geringste Gewichtung zu. Dem zweiten („ordnen Sie ein") und dritten („beurteilen Sie") Arbeitsauftrag sollten deutlich mehr Zeit sowie inhaltliche Tiefe gewidmet werden.

Der Operator „beschreiben" zielt auf die **umfassende Wiedergabe von Informationen** aus vorgegebenem Material und/oder aus vorhandenen Kenntnissen ab. Dabei kommt es insbesondere auf eine schlüssige und zusammenhängende Darstellung der in M 1 gezeigten marinen Oberflächenströmungen im Atlantik samt der sich ändernden Wassertemperaturen an. Es bietet sich an, zur Bearbeitung dieser Teilaufgabe neben der Abbildung M 1 auch den **Atlas** zu Hilfe zu nehmen, um ausgewählte **topographische Elemente** genauer benennen zu können.

Anschließend müssen die vorher lediglich beschriebenen marinen Oberflächenströmungen im Atlantik ursächlich erklärt und mit dem globalen System der marinen Zirkulation in Zusammenhang gebracht werden. Demnach sollen Sie die **Gründe** sowohl für den **Verlauf** der dargestellten Oberflächenströmungen als auch für die sich ändernden Temperaturverhältnisse erläutern und, ausgehend vom Atlantik, das **weltumspannende marine „Förderband" in den Blick nehmen**. Gehen Sie dazu insbesondere auf die unterschiedlichen **Antriebsmechanismen** der ozeanischen Strömungen ein. Verlieren Sie nie die Aufgabenstellung aus den Augen und machen Sie stets die Zusammenhänge zwischen dem ersten Teil der Themenstellung (Beschreibung der Oberflächenströmungen) und dem zweiten Teil (ursächliche Einordnung) deutlich.

In der dritten Teilaufgabe wird von Ihnen verlangt, mithilfe eines selbst gewählten und zweckdienlichen Beispiels die Bedeutung der Weltmeere für das weltweite Klimageschehen zu beurteilen. Dabei kann das Ergebnis Ihrer Beurteilung nur lauten, dass die Ozeane mit Blick auf klimatische Prozesse eine **enorme Rolle** spielen und die Wechselwirkungen zwischen Ozean und Atmosphäre für das Klima von **entscheidender Bedeutung** sind. Besonders gut lässt sich das am **Beispiel des ENSO-Phänomens** (El Niño) veranschaulichen. Anhand dieser Klimaanomalie und ihrer weltweit spürbaren Folgen können Sie die große Bedeutung der Meere für das Klimageschehen auf der Erde stichhaltig illustrieren. Selbstverständlich kann auch ein anderer Sachverhalt als Beispiel herangezogen werden. So wäre es denkbar, den **Kohlenstoffkreislauf** zu erläutern (besonders die Bedeutung von CO_2 für das Weltklima) und auf die Tatsache zu verweisen, dass die kalten Tiefengewässer der Ozeane riesige Kohlenstoffsenken darstellen (siehe Fragen zum Schwerpunktthema).

Themenspezifische Atlaskarten

- Diercke Weltatlas, S. 232: Klimadynamik – Weltmeere Wasserzirkulation (Karte 1)
- Haack Weltatlas, S. 222: Atmosphäre, Klimawandel, klimatisch bedingte Naturrisiken – El Niño (Karte 1)

Gliederung des Kurzreferats

Einstig:
- Erde als „blauer Planet": knapp 71 % der Gesamtoberfläche des Planeten sind mit Wasser bedeckt, größtenteils in Form von Ozeanen
- Wichtigkeit des Elements Wasser für das Leben auf der Erde
- große Bedeutung der Ozeane für geoökologische (insbesondere klimatische) Prozesse
- Vorstellen des Referataufbaus

Hauptteil:
Verlauf und Temperaturverhältnisse der in M 1 dargestellten ozeanischen Oberflächenströmungen
- Golfstrom als Teil der marinen Zirkulation auf der Nordhalbkugel
- warmes Wasser aus dem subtropischen Westatlantik wird vor die Ostküste Mittel- und Nordamerikas geführt
- zwischen Mexiko und Kuba (Yucatánstraße) strömen die warmen Wassermassen in den Golf von Mexiko, dort Drehung im Uhrzeigersinn
- Wassermassen verlassen den Golf durch die Floridastraße und folgen der amerikanischen Küste nordwärts
- bei Kap Hatteras Ablenkung aufs offene Meer über den Atlantik Richtung Azoren und Nordwesteuropa
- auf Höhe der Britischen Inseln Verzweigungen der Strömung in Richtung Norden (Grönland, Island, Norwegen, Polarmeer) und Süden (Portugal, Kanarische Inseln, Richtung Äquator)
- Wassertemperatur nimmt von Westen nach Osten und von Süden nach Norden stetig ab
- niedrigste Temperaturen bei sog. Tiefenwasserbildungszonen

Einordnung der Oberflächenströmungen aus M 1 in den ursächlichen Zusammenhang des globalen marinen „Förderbands"
- Golfstrom ist Teil der globalen Meeresströmungen, des sog. globalen marinen Förderbands
- Antriebsmechanismen der globalen Meeresströmungen:
  – horizontaler Antrieb: Windschub; zunächst durch Passatströmung (Äquatorialstrom), anschließend durch Westwinde

4

- Corioliskraft (beeinflusst die Drehrichtung z. B. im Golf von Mexiko)
- Ablenkungen durch Küsten (z. B. Düseneffekt zwischen Yucatán und Kuba) und Relief am Meeresboden (z. B. Ablenkung bei Kap Hatteras)
- vertikaler Antrieb: Tiefenwasserbildungszonen in den Polarmeeren (Nordatlantik); dort Absinken gewaltiger Wassermassen aufgrund von Dichteunterschieden durch Unterschiede in Temperatur und Salzgehalt → thermohaliner Antrieb
- Rückfluss des kalten Wassers als Tiefenströmung in den südlichen Ozean zum antarktischen Zirkumpolarstrom
- Aufsteigen der Wassermassen im Indischen und Pazifischen Ozean und Rückfluss in den Atlantik als warme Oberflächenströmungen

Bedeutung der Weltmeere für das globale Klimageschehen
- sehr langsames Aufnehmen bzw. Abgeben von Wärme durch Wasser, aber besonders hohe Wärmespeicherkapazität des Meerwassers
- Ozeane als wichtiges Medium des Wärmetransports; starke Wechselwirkung (kühlend bzw. wärmend) mit der Atmosphäre → enorme Bedeutung für das Klimageschehen
- **Beispiel El Niño** (ENSO-Phänomen): ausgeprägte Wechselwirkungen zwischen Ozean und Atmosphäre mit weltweiten Auswirkungen
- **Normalsituation im südlichen Pazifik:**
  - mariner Kreislauf:
    - kühles Wasser des Humboldtstroms wird mit dem Südostpassat von der Westküste Südamerikas an die Ostküsten Australiens und Indonesiens getrieben (*Upwelling* von kaltem Tiefenwasser an der Westküste Südamerikas) → kalte Meeresflächen im Ostpazifik
    - dabei Erwärmung sowie anschließende Verdrängung des kalten Tiefenwassers an den Küsten des Westpazifiks (Indonesien, Australien, Sundainseln) → warme Meeresflächen im Westpazifik
    - großer Einfluss der unterschiedlichen Wassertemperaturen auf darüberliegende Luftschichten
  - atmosphärischer Kreislauf (Walker-Zirkulation):
    - Luftmassen im westpazifischen Raum steigen aufgrund der Erwärmung über den warmen Meeresflächen auf (→ Tiefdruckgebiet in Bodennähe mit Konvektionsniederschlägen)
    - im ostpazifischen Raum Absinken der Luftmassen aufgrund der Abkühlung über den kalten Meeresflächen (→ Hochdruckgebiet in Bodennähe mit Wolkenauflösung)
    - atmosphärische Ausgleichsströmung vom Hoch zum Tief verstärkt marinen Kreislauf
- **El-Niño-Situation (Anomalie):**
  - mariner Kreislauf sowie Walker-Zirkulation werden umgekehrt

- Warmwassermassen fließen durch Erschlaffung des Südostpassats zurück an die Westküste Südamerikas → nun warme Meeresflächen im Ostpazifik und kalte Meeresflächen im Westpazifik
- Umkehr der Walker-Zirkulation mit Tiefdruckgebiet nun im ostpazifischen Raum nahe der Westküste Südamerikas (Folge: extrem hohe Niederschlagswerte) und Hochdruckgebiet über Südostasien/Australien (Folge: Dürren und Waldbrände aufgrund des fehlenden Regens)
- weltweite Auswirkungen: Hitze und Trockenheit im Regenwald Süd- und Mittelamerikas, Klimaschwankungen in Europa sowie in West- und Ostafrika

Schluss:
- Änderungen der marinen wie auch der atmosphärischen Zirkulation können Klimaänderungen nach sich ziehen
- weltweite Anstrengungen sind nötig, um das Verständnis um den Einfluss der Ozeane auf das globale Klimageschehen zu fördern

---

Kurzreferat

Wasser spielt für nahezu alle biologischen und geoökologischen Prozesse auf unserem Planeten eine überragende Rolle. Leben wäre auf der Erde ohne dieses Element nicht denkbar. Die Erde wird häufig auch als „Blauer Planet" bezeichnet, da etwa 71 % ihrer Gesamtoberfläche mit Wasser bedeckt sind. Den mit Abstand größten Teil davon nehmen die Ozeane ein. Diese sind als Lebensraum für Tiere und Pflanzen und als Wirtschaftsraum für den Menschen von enormer Bedeutung. Sie sind zudem als Transportmedium für Energie in Form von Wärme wichtiger Teil des globalen Wasserkreislaufs und des Klimageschehens. Im Folgenden möchte ich einen zentralen Teil der marinen Zirkulation näher beschreiben, sowie die Antriebsmechanismen dieses globalen marinen „Förderbands" erläutern. Anschließend beurteile ich anhand eines Beispiels die Bedeutung der Ozeane für das Weltklima.

Die in M 1 dargestellten Oberflächenströmungen im Atlantik der nördlichen Hemisphäre stellen schematisch den **Golfstrom** dar. Dieser ist Teil der marinen Zirkulation und befördert **warmes Wasser aus den niederen Breiten bis in die polaren Regionen** der Nordhalbkugel. M 1 zeigt, dass warmes Wasser aus dem tropischen und subtropischen Westatlantik vor die Ostküste Mittel- und Nordamerikas geführt wird. Allerdings ist die Strömung, anders als in M 1 schematisch veranschaulicht, in Wirklichkeit kein einheitliches Band, sondern ein Geflecht aus mäandrierenden Verwirbelungen. Zwischen Mexiko und Kuba strömen die warmen Wassermassen durch die Straße von Yucatán in den Golf von Mexiko. Dort drehen sie sich

Einstieg

Erde als „blauer Planet"

Ozeane als Transportmedium für Wärmeenergie

Aufbau des Referats

Hauptteil

Beschreibung des Verlaufs der in M 1 dargestellten Oberflächenströmungen

Golfstrom transportiert warmes Wasser aus den Tropen Richtung Norden

im Uhrzeigersinn und verlassen den Golf wieder durch die Floridastraße. Anschließend folgt die Strömung der amerikanischen Küste Richtung Norden, bis etwa auf der Höhe von Kap Hatteras eine Ablenkung aufs offene Meer über den Atlantik Richtung Azoren und Nordwesteuropa erfolgt. Aus M 1 geht hervor, dass die Wassertemperatur im Westatlantik deutlich höher ist als die im nördlichen Teil des Atlantiks. Insgesamt nimmt die Temperatur von Westen nach Osten und von Süden nach Norden stetig ab. Etwa auf Höhe der Britischen Inseln verzweigt sich das Strömungsband zum einen nach Norden in Richtung Grönland, Island, Norwegen und Polarmeer. Zum anderen fließt ein Teil nach Süden in Richtung Portugal, Kanarische Inseln und Äquator. Die **niedrigsten Temperaturen** zeigen sich am Ende der horizontalen Oberflächenströmung (in M 1 durch schwarze Pfeilspitzen gekennzeichnet) in den sogenannten **Tiefenwasserbildungszonen**, wo die horizontale in eine vertikale Strömung übergeht.

Temperaturabnahme von West nach Ost und von Süden nach Norden

Der Golfstrom ist Teil des weltumspannenden und zusammenhängenden Systems der marinen Zirkulation, welche auch als globales marines „Förderband" bezeichnet wird. Die **Antriebsmechanismen** dieses Systems zeigen sich besonders wirksam am Beginn (hell) und an den Enden (dunkle Pfeilspitzen) der in M 1 schematisch angedeuteten Strömungsbänder. Eine wichtige Antriebskraft für Oberflächenströmungen stellt der Wind dar. Wenn Wind über die Wasseroberfläche weht, übt er auf sie eine mitschleppende Kraft aus, welche als **Windschub** bezeichnet wird. Mit Blick auf den Golfstrom ist dabei zunächst die Passatströmung entscheidend, die den äquatorialen Teil antreibt. Später, nach Ablösung von der amerikanischen Küste, erfährt der Golfstrom Windschub durch die in den mittleren Breiten auftretenden Westwinde. Zudem bewirkt die **Corioliskraft**, ausgelöst durch die Drehbewegung der Erde, auf der Nordhalbkugel eine Ablenkung im Uhrzeigersinn. Dies zeigt sich etwa an der Drehrichtung der Strömung im Golf von Mexiko. Beeinflussungen durch die **Topografie von Küsten**, wie z. B. die Beschleunigung der Strömung durch den Düseneffekt zwischen der Halbinsel Yucatán und Kuba, sowie durch Besonderheiten des **Reliefs am Meeresboden**, wie etwa unterseeische Schwellen bei Kap Hatteras, spielen als Ursache für den Verlauf der Strömung ebenfalls eine wichtige Rolle. Neben dem horizontalen Antrieb durch den Wind existiert auch noch ein vertikaler Antrieb. Dieser lässt an bestimmten Stellen der hohen Breiten gewaltige Wassermassen von der Oberfläche der Ozeane in die Tiefe absinken und erzeugt so einen Sog, der die globalen Strömungsbänder beständig am Laufen hält, da Wasser aus niedrigeren Breiten nachrücken muss. Dieses Absinken spielt sich in den soge-

Einordnung der Oberflächenströmungen in das globale marine „Förderband"

Wind als horizontale Antriebskraft

Ablenkung durch Corioliskraft

Ablenkung durch Küstentopografie und Relief am Meeresgrund

nannten Tiefenwasserbildungszonen ab, welche sich besonders ausgeprägt im Polarmeer der Nordhalbkugel zeigen. Dort sinken bis zu 17 Millionen Kubikmeter Wasser pro Sekunde in die Tiefe. Ausgelöst wird dieser Vorgang durch **Dichteunterschiede** des Wassers. Sowohl die Temperatur als auch der Salzgehalt können die Dichte des Wassers verändern und dadurch zu Druckunterschieden führen, welche wiederum Strömungen auslösen. Kaltes, salzreiches Wasser besitzt eine höhere Dichte als warmes, salzarmes Wasser. Es ist also spezifisch schwerer. Im Bereich der Tiefenwasserbildungszonen kommt es nun zusätzlich zur Abnahme der Temperatur zu einer Aufsalzung, d. h. einer Zunahme des Salzgehaltes, und damit zur Entstehung von „schwerem" Wasser. Der Grund dafür liegt in der Eisbildung. Die durch den Gefriervorgang im Meereis entstehende Salzsole verfügt über einen höheren Salzgehalt und damit über eine höhere Dichte als das Meerwasser. Sie läuft mit der Zeit aus dem Eis heraus und gelangt in den darunter liegenden Ozean. Die Menge des im Eis befindlichen Salzes nimmt daher immer weiter ab, der Ozean unter dem Eis wird immer salzhaltiger. Durch den gesteigerten Salzgehalt und die niedrigen Wassertemperaturen erhöht sich die Dichte des Wassers und das schwere Oberflächenwasser sinkt ab. Diese Vorgänge bilden den Kern der thermohalinen Zirkulation. Die **absinkenden Wassermassen** fließen als kalte Strömung in zwei bis drei Kilometern Tiefe nach Süden zum **antarktischen Zirkumpolarstrom**. Diese kalte Meeresströmung treibt rund um den antarktischen Kontinent und versorgt die umliegenden Ozeane mit kaltem, sauerstoffreichem Wasser. Im **Indischen und Pazifischen Ozean** steigen die Wassermassen wieder auf und fließen als **warme Oberflächenströmungen** zurück in den Atlantik, wodurch sich die globale ozeanische Zirkulation schließt. Insgesamt beträgt die Zeitspanne für den vollständigen Transit eines Wasserteilchens etwa 1 000 Jahre.

Aufgrund der **spezifischen Eigenschaften von Wasser** erwärmt sich das Meer, im Vergleich zur Luft, nur sehr langsam. Ebenso langsam wird Wärmeenergie vom Meer wieder an die Umgebung abgegeben, wenn es sich abkühlt. Wasser besitzt jedoch eine rund viermal größere Wärmespeicherkapazität als Luft. Abhängig von den Jahreszeiten kann das Meer deshalb auf die Festlandgebiete kühlend oder wärmend wirken. Zudem transportiert Meerwasser **Energie in Form von Wärme** über große Entfernungen und sorgt so zusammen mit Prozessen der Atmosphäre für den **Energieausgleich** zwischen den Wärmeüberschussgebieten der Tropen und den Wärmemangelgebieten der polaren Zonen. Änderungen der marinen Strömungen haben stets auch **Auswirkungen auf die darüber liegenden Luftmassen** und damit auf die atmosphärische Zirkulation

vertikaler Antrieb durch Dichteunterschiede

kaltes Meerwasser fließt zum Zirkumpolarstrom

Aufstieg des Wassers im Indischen und Pazifischen Ozean

Beurteilung der Bedeutung der Weltmeere für das globale Klimageschehen

kühlende bzw. wärmende Wirkung des Meeres

und können somit Klimaänderungen nach sich ziehen. Die Ozeane sind also von **enormer Bedeutung** für das globale Klimageschehen. Sehr anschaulich lässt sich dies am Beispiel der **Klimaanomalie El Niño** (auch El-Niño-Southern-Oscillation, kurz ENSO genannt) darlegen. Diese Klimaanomalie zeigt sehr **ausgeprägte Wechselwirkungen zwischen Ozean und Atmosphäre** mit weltweiten Auswirkungen.

Ausgangslage ist die sogenannte **Normalsituation** im südlichen Pazifik. Kühles Wasser des Humboldtstroms wird mit dem Südostpassat von der Westküste Südamerikas über den Pazifik an die Ostküsten Australiens und Indonesiens getrieben. Dabei kommt es vor der Westküste Südamerikas, an den Küsten Chiles und Perus, zu einem sogenannten *Upwelling*, also dem Auftrieb von kaltem Tiefenwasser und damit zu kalten Meeresflächen im Ostpazifik. Die Wassermassen, welche mit dem Südostpassat nach Westen getrieben werden, erwärmen sich und drängen an den Küsten des Westpazifiks bei Australien, Indonesien und den Sundainseln dort vorhandenes kaltes Wasser in die Tiefe, sodass großräumig warme Meeresflächen im Westpazifik entstehen. Nun haben unterschiedliche Wassertemperaturen großen Einfluss auf die darüber liegenden Luftschichten und beeinflussen somit die atmosphärischen Vorgänge dieses Raums, die sogenannte **Walker-Zirkulation**. Luftmassen steigen im westpazifischen Raum aufgrund der Erwärmung über dem Meer auf und es bildet sich in Bodennähe ein Tiefdruckgebiet mit starken Konvektionsniederschlägen aus. Im ostpazifischen Raum dagegen sinken Luftmassen aufgrund der Abkühlung über den kalten Meeresflächen ab und sorgen so für die Bildung eines Hochdruckgebiets mit Wolkenauflösung. Die dadurch entstehenden **atmosphärischen Ausgleichsströmungen** zwischen Hoch (Ostpazifik) und Tief (Westpazifik) **verstärken den marinen Kreislauf**.

Abweichend dazu zeigt sich während eines **El-Niño-Ereignisses**, welches etwa zweimal innerhalb von 10 Jahren immer um die Weihnachtszeit auftritt, folgende Anomalie: Die eben beschriebenen marinen und die damit verbundenen atmosphärischen **Abläufe kehren sich um**. Durch eine noch immer nicht vollständig erklärbare besonders starke Südverlagerung der ITC und die damit einhergehende Erschlaffung des Südostpassats fließen die Warmwassermassen zurück an die Westküste Südamerikas und drängen dort das kalte Auftriebswasser des Humboldtstroms in die Tiefe. Dadurch ergeben sich nun warme Meeresflächen im Ostpazifik, besonders vor den Küsten Chiles und Perus. Im westpazifischen Raum kühlt sich die Meeresfläche dagegen ab. Dieser Umstand bewirkt eine Umkehr der Walker-Zirkulation, die jetzt ein großräumiges Tiefdruckgebiet im ostpazifischen Raum nahe der Westküste Südamerikas zeigt, welches dort für extrem **hohe Niederschlagswerte** sorgt. Über Südostasien

9

und Australien liegt hingegen ein Gebiet hohen Luftdrucks, häufig begleitet von **Dürren und Waldbränden** aufgrund des fehlenden Niederschlags. Die Auswirkungen von El Niño sind jedoch nicht nur regional, sondern **weltweit** zu spüren. Vor Mexiko beispielsweise können gewaltige Wirbelstürme entstehen. Und auch der afrikanische Kontinent ist betroffen. Während es in Ostafrika in Ländern wie Kenia oder Tansania mehr Niederschlag gibt, fällt im südlichen Afrika, etwa in Sambia, Mosambik oder Botswana, deutlich weniger Regen als im Durchschnitt. Der indische Monsun zeigt während El-Niño-Jahren stark erhöhte Niederschlagsmengen. Und selbst in Europa und in Teilen Nordamerikas werden atypische Klimaschwankungen wie etwa besonders schneereiche Winter mit dem ENSO-Phänomen in Verbindung gebracht.

Hochdruckgebiet im Westpazifik

weltweite Auswirkungen auf das Klima

Wie das Beispiel El Niño deutlich macht, stehen die **Ozeane in enger Wechselwirkung mit der Atmosphäre** und tragen daher einen großen Teil zum weltweiten Klimageschehen bei. Thermische Unterschiede zwischen Tag und Nacht sowie zwischen den Jahreszeiten werden durch sie ausgeglichen oder zumindest abgemildert. Ihr Anteil am globalen Energieausgleich entspricht etwa dem der Atmosphäre und das von ihnen durch die Sonneneinstrahlung verdunstete Wasser ist in Form von Wasserdampf das mit Abstand wichtigste Treibhausgas.

enge Wechselwirkung zwischen Ozeanen und Atmosphäre

Änderungen der atmosphärischen wie auch der marinen Zirkulation können Auswirkungen auf das globale Klima nach sich ziehen. Aus diesem Grund ist es im Rahmen der Diskussion um den anthropogenen Einfluss auf Klimaänderungen auch entscheidend, weitere Anstrengungen zu unternehmen, um das Verständnis um den komplexen Einfluss der Ozeane auf das globale Klimageschehen zu fördern.

Schluss

Aufklärung über Bedeutung der Ozeane für das Klima notwendig

Mögliche Fragen zum Schwerpunktthema

1 *Erklären Sie anhand des Kohlenstoffkreislaufs die Bedeutung der Ozeane für das globale Klimageschehen. Beziehen Sie sich dabei auch auf den Klimawandel.*

– Ozeane als riesige Karbonatsenken stehen im CO_2-Austausch mit der Atmosphäre
– gegenwärtig diffundiert mehr CO_2 aus der Atmosphäre in die Ozeane als in umgekehrter Richtung
– allerdings nur sehr langsamer Transport des im Wasser gelösten CO_2 vom Wasserkörper der ozeanischen Oberfläche (Deckschicht) in die kalten Tiefengewässer
– mit steigenden Temperaturen durch die globale Erwärmung erhöht sich auch die Oberflächentemperatur der Ozeane

10

- wärmere Oberflächengewässer können weniger CO_2 aus der Atmosphäre aufnehmen als kalte
- zudem geringere Durchmischungstendenzen bei steigenden Temperaturen
- somit Verringerung der Aufnahmefähigkeit bzw. sogar Möglichkeit der Abgabe von CO_2 vom Ozean zurück in die Atmosphäre und damit positive Rückkopplungseffekte mit Blick auf die steigenden globalen Temperaturen

2 *Erläutern Sie mögliche Folgen einer fortschreitenden globalen Erwärmung für den Golfstrom.*

- mögliche Abschwächung und Verlagerung des Golfstroms: durch die Erwärmung verstärktes Abschmelzen von Inlandseismassen der arktischen Regionen sowie vom Eis der arktischen Polkappe → Süßwassereintrag im Bereich der Tiefenwasserbildungszonen
- dadurch Veränderung des Salzgehalts und Verringerung der Dichte des Wassers
- somit langsameres und weniger tiefes Absinken kalter Wassermassen, Abschwächung der Sogwirkung und Veränderung der Strömungsmuster
- Golfstrom reicht dann möglicherweise nicht mehr bis an die nordwesteuropäischen Küsten
- Folge wäre eine signifikante Reduktion der Temperaturen in Nordwesteuropa
- ein vollständiges Erliegen des Golfstroms scheint unrealistisch, da Windschub und Corioliskraft stets wirken

Lehrplanbereich	Ökosysteme und anthropogene Eingriffe: Die Tropen (Kurshalbjahr 11/1)
Thema des Referats	Agrarisches Landnutzungspotenzial der immerfeuchten Tropen

Aufgabenstellung

Erläutern Sie den Nährstoffkreislauf der immergrünen tropischen Regenwälder unter Berücksichtigung von Klima, Boden sowie Vegetation und bewerten Sie, auch unter kritischer Einbeziehung von M 1, das agrarische Potenzial dieses Naturraums mit Blick auf die dort überwiegend vorherrschenden unterschiedlichen Landnutzungsformen.

M 1   Die immerfeuchten Tropen – Gunsträume für die landwirtschaftliche Produktion?

Explodierende Bevölkerungszahlen und die Endlichkeit natürlicher Ressourcen – im Zusammenhang mit diesen Schlagworten kommt der Frage nach der sogenannten „Tragfähigkeit der Erde", d. h. danach, wie viele Menschen theoretisch auf der Erde ernährt werden könnten, große Bedeutung zu. Schon in der Vergangenheit haben dazu
5 zahlreiche Wissenschaftler Untersuchungen angestellt. Unter den frühen Wissenschaftlern, die solche Tragfähigkeitsberechnungen durchführten, waren u. a. die Geographen Albrecht Penck (1921) und Wilhelm Hollstein (1937). Durch differenzierte Bewertungen des Klimas sowie durch Bonitierung, also die Abschätzung der Fruchtbarkeit von Böden, kamen Penck und Hollstein auf 7,7 bzw. 13,3 Milliarden Menschen
10 als die wahrscheinlich größtmögliche Bevölkerungszahl der Erde. Als landwirtschaftliche Gunsträume mit großem Potenzial für die Zukunft der Nahrungsmittelproduktion wurden dabei besonders die immerfeuchten Tropen gesehen. Nach Berechnungen von Hollstein sollten etwa in den tropischen Regenwäldern Amazoniens (Südamerika) oder des Kongos (Afrika) pro Quadratkilometer über 500 Menschen ernährt werden können
15 und damit deutlich mehr als doppelt so viele wie beispielsweise in den außertropischen Waldregionen Westeuropas.

Quelle: eigener Text nach Weischet, W.: Die ökologische Benachteiligung der Tropen, Springer Verlag 2013, S. 40 ff. und Weiss, W.: Tragfähigkeit. Ein Begriff der Regional-Demographie mit politischen Implikationen. In: UTOPIE kreativ, H. 165/166 (2004), S. 602–616.

Lösungsvorschlag

Auf den ersten Blick scheint die Aufgabenstellung nicht in Teilaufgaben gegliedert zu sein. Allerdings lassen die **Operatoren** („erläutern", „bewerten") auf eine geeignete **Grobstruktur** des Referats schließen. Der Beantwortung des ersten Arbeitsauftrages („erläutern Sie") wird dabei in etwa die gleiche Gewichtung zukommen wie den Ausführungen zum zweiten Arbeitsauftrag („bewerten Sie").

Der Operator „erläutern" zielt auf das selbstständige Erklären (komplexer) fachspezifischer Sachverhalte ab. Dabei kommt es insbesondere auf eine **veranschaulichende Darstellung** an. Voraussetzung dafür sind umfassende **Kenntnisse zum Geoökosystem der inneren Tropen**, um die eng verflochtenen Wechselwirkungen von Klima, Boden und Vegetation und den damit einhergehenden kurzgeschlossenen Nährstoffkreislauf sachgerecht darstellen zu können. Wünschenswert ist ein zielführender, **kurzer Einstiegsgedanke**, der den Erläuterungen zur Besonderheit des Nährstoffkreislaufs vorangestellt wird. Darin könnte zum Beispiel auf die große Artenvielfalt der tropischen Regenwälder und deren Bedeutung für globale klimatische Zusammenhänge verwiesen werden. Ebenso ist ein Verweis auf die Andersartigkeit des Nährstoffkreislaufs der Wälder mittlerer Breiten denkbar. Auch könnte bereits zu Beginn kurz auf die Aussagen aus M 1 eingegangen werden. Allerdings sollte hierbei noch keine substanzielle inhaltliche Auseinandersetzung mit der Aufgabenstellung erfolgen.

Der Operator „bewerten" verlangt, dass zu einem Sachverhalt begründet Stellung genommen wird, um zu einer **angemessenen Entscheidung** zu kommen. Dabei sollen Sie das Fachwissen in einen stimmigen Zusammenhang bringen und durchaus von verschiedenen Seiten beleuchten. Im vorliegenden Fall sollen Sie sich also mit den **unterschiedlichen landwirtschaftlichen Nutzungsformen** der inneren Tropen auseinandersetzen und mithilfe Ihrer Ausführungen im ersten Teil der Aufgabenstellung zu einer **kritischen Bewertung des agrarischen Potenzials**, d. h. des Ertragsreichtums, ebendieser Formen kommen. Dabei stehen insbesondere der Wanderfeldbau *(Shifting cultivation)*, mehrjährige Monokulturen (Plantagen) und die Agroforstwirtschaft *(Eco-Farming)* im Zentrum der Darstellung. Wichtig ist, dass sowohl auf Vorzüge als auch auf Probleme der Nutzungsformen eingegangen wird. So werden sicherlich Überlegungen zur Größe von Erträgen sowie zur Nachhaltigkeit in den Ausführungen eine Rolle spielen.

Verlieren Sie dabei nie die **Themenstellung** aus den Augen und stellen Sie stets Zusammenhänge zwischen dem ersten Teil der Aufgabenstellung (Nährstoffkreislauf) und dem zweiten Teil (landwirtschaftliche Nutzungsformen) heraus. Die Formulierung „auch unter kritischer Einbeziehung von M 1" bedeutet, dass **Inhalte des Textes** einer kritischen Prüfung unterzogen werden müssen und Sie diese in Ihre Ausführungen einbeziehen müssen. Dies kann, wie bereits beschrieben, im Einstieg erfolgen, muss jedoch besonders im zweiten Teil der Aufgabenstellung

Erwähnung finden. Markieren Sie hierzu wichtige Textstellen und machen Sie sich mit der **Terminologie (Fachbegriffe)** sowohl des Textes M 1 als auch der Aufgabenstellung vertraut.

 Themenspezifische Atlaskarten

- Diercke Weltatlas, S. 234/235: Erde – Böden (Karte 1)
- Diercke Weltatlas, S. 238/239: Erde – Reale Vegetation (Karte 1), Waldnutzungs- und Forstwirtschaftsformen (Karte 2), Agrarregionen (Karte 3)
- Haack Weltatlas, S. 218/219: Erde – Klimazonen, Niederschläge, Temperaturen (Karte 1)

Gliederung des Kurzreferats

Einstieg:

- Überlegungen zur Bedeutung der immergrünen tropischen Regenwälder für das globale Klima und als Hotspot der Biodiversität (Artenvielfalt)
- Vorstellen des Referataufbaus

Hauptteil:
Erläuterung des Nährstoffkreislaufs der immergrünen tropischen Regenwälder unter Berücksichtigung von Klima, Boden und Vegetation

- **Darstellung des Geoökosystems der immerfeuchten Tropen**
  - **Verortung:** Verbreitung am Äquator zwischen 10 °N und 10 °S, im Extrem bis zu 20 °N und S
  - **klimatische Umweltbedingungen:** Stetigkeit im Jahresablauf → Tageszeitenklima; 25–27 °C; 2 000–4 000 mm Niederschlag (höchstens 2,5–3 Monate regenlos, meist zwei Regenspitzen); hohe Strahlungsintensität → hohe Verdunstung, hoher Bewölkungsgrad und Zenitalregen mit intensiven Gewitterschauern
  - **bodengeographische Betrachtung:** nährstoffarme, sehr saure Böden (Ferralsole) aufgrund von Ausschwemmung der Silikatminerale durch hohe Temperaturen und Niederschläge (intensive chemische Verwitterung); geringe Kationenaustauschkapazität → Boden speichert kaum Nährstoffe; geringe Humus-/Streuauflage
  - **Vegetation:** artenreiche immergrüne Laubwälder (Regenwälder); ganzjährige Vegetationsperiode; Jahresperiodizität kaum ausgeprägt; Gliederung in Stockwerke (Mikroklima, Schutzfunktion); Bäume im Mittel 30–40 m hoch; meist flachgründiges Wurzelwerk; hohe Produktivität (30 t/ha) der Biomasse, Großteil davon oberirdisch

14

- **Erläuterung des Nährstoffkreislaufs**
  - kurzgeschlossener Nährstoffkreislauf ist perfekt an Umweltbedingungen angepasst
  - notwendige Nährstoffe befinden sich im oberirdischen Teil der Biomasse (nicht im Boden)
  - rasche Zersetzung des Streuanfalls (totes Laub, Pflanzenteile) durch Mikroorganismen, Bakterien und Kleinstlebewesen aufgrund hoher Temperaturen und Niederschläge
  - dichtes, oberflächennahes Wurzelsystem ermöglicht in Verbindung mit Mykorrhiza-Pilzen (Symbiose) eine rasche Aufnahme der bei der Zersetzung freigesetzten Nährstoffe und somit eine Rückführung in die Vegetation
  - Nährstoffverlust durch Ausschwemmung bleibt dadurch gering
  - Regenwald lebt nicht vom, sondern „auf" dem Boden
- **allgemeine Problematik bei landwirtschaftlicher Nutzung**
  - Störung des Nährstoffkreislaufs durch die landwirtschaftliche Nutzung → erheblicher Eingriff in das Ökosystem
  - bei (Brand-)Rodung kurzzeitiger Nährstoffgewinn, jedoch langfristig problematischer Ertragsverlust und erhöhte Erosionsgefahr

Bewertung des agrarischen Potenzials des Naturraums mit Blick auf unterschiedliche Landnutzungsformen
- **kritische Betrachtung von M 1**
  - scheinbar fruchtbare immerfeuchte Tropen sind keine landwirtschaftlichen Gunsträume
  - Boden als limitierender Faktor: hohe Erträge nur auf besonderen Standorten (vulkanische Böden, Schwemmland) und aufgrund des intakten Nährstoffkreislaufs möglich
  - Voraussetzung für jegliche landwirtschaftliche Nutzung ist Brandrodung, wodurch der Nährstoffkreislauf zerstört wird
  - für dauerhafte, kommerzielle Nutzung ist dieser Naturraum daher nur bedingt geeignet
- **überwiegend vorherrschende Landnutzungsformen und deren Potenzial**
  - **Wanderfeldbau:** Ausgangspunkt ist Brandrodung; Nährstoffzufuhr und Anhebung des pH-Wertes durch Asche ermöglicht landwirtschaftliche Nutzung für wenige Jahre, dann Ausweitung der Brandrodungsflächen notwendig; durch Rodung erhöhte Erosionsgefahr und Verkrustung der Oberfläche; bei unter 6 Einwohnern/km² und ausreichender Brachezeit der Rodungsflächen angepasste Nutzungsform (als Subsistenzwirtschaft)
  - **mehrjährige Monokulturen (Plantagen):** Ausgangspunkt ist Brandrodung; meist Anbau von *Cash Crops* (intensive Landwirtschaft) oder Futterpflanzen; beständiges Düngen und Kalken erforderlich (geringes Sorptionsvermögen der Böden); hoher Kapitaleinsatz; einseitige Bodenbeanspruchung; Verlust der Ar-

tenvielfalt; Gefahr von Erosion und erhöhtem Oberflächenabfluss; kaum dauerhafte, nachhaltige Bewirtschaftung möglich, da schneller Ertragsrückgang → neue Rodungen sind nötig

- **Agroforstwirtschaft (Eco-Farming):** Möglichkeit einer nachhaltigen landwirtschaftlichen Nutzung der tropischen Regenwälder; Erhalt des Nährstoffkreislaufs durch Simulation des natürlichen Stockwerkbaus; Kombination aus Forstwirtschaft, Landwirtschaft und Viehhaltung auf einer Fläche, dadurch kein Kahlschlag und geringeres Risiko für Oberflächenabfluss und Erosion; erhöhte Artenvielfalt; erfordert Know-how und erhöhten Arbeitseinsatz; für Subsistenzwirtschaft geeignet; Rentabilität bei höheren Preisen für Produkte wie z. B. Fair-Trade-Produkte

Schluss:
Fazit zum Potenzial des betrachteten Naturraums
- „Der Regenwald ist eine Wüste, bedeckt mit Bäumen." (Goodland/Irwin)
- bei den aktuell vorherrschenden Landnutzungsformen besteht eine große Gefahr der Degradation und des unwiderruflichen Verlusts des Ökosystems tropischer Regenwälder
- oft fehlt Know-how, Kapital oder Rentabilität, um nachhaltige Produktivität zu realisieren
- weltweite Anstrengungen nötig, um Potenzial zu nutzen und gleichzeitig das Ökosystem zu erhalten

---

| Kurzreferat

Die inneren Tropen bilden einen Gürtel entlang des Äquators mit einem einzigartigen Ökosystem. Hier findet man in den immergrünen tropischen Regenwäldern mit mehr als 50 % aller Tier- und Pflanzenarten der Erde die **größte Artenvielfalt** weltweit. Das Ökosystem der tropischen Regenwälder ist ein perfekt an die Umweltbedingungen angepasstes **Geflecht aus Wechselwirkungen** zwischen biotischen und abiotischen Faktoren. Bei unangepassten anthropogenen Eingriffen kann es jedoch im schlimmsten Fall unwiederbringlich zerstört werden, was nicht abzuschätzende **Folgen für das globale Klima** hätte. Eine wichtige Rolle für die Stabilität dieses Ökosystems spielt der besondere **Nährstoffkreislauf** in den tropischen Regenwäldern, der sich im Laufe der Zeit aus den speziellen klimatischen Bedingungen der immerfeuchten Tropen entwickelt hat. Diese klimatischen Bedingungen und die daraus resultierenden Eigenschaften der tropischen Böden, der Vegetation sowie des Nährstoffkreislaufs werden im ersten Teil meines Referats vorgestellt. Im zweiten Teil bewerte ich das Potenzial verschiedener landwirtschaftlicher Nutzungsformen.

Einstieg

tropischer Regenwald als Hotspot der Biodiversität

Stabilität des Ökosystems durch besonderen Nährstoffkreislauf

Aufbau des Referats

16

Die Verbreitung der immerfeuchten Tropen ist äquatorial zwischen 10 °N und 10 °S anzusiedeln. Durch den Einfluss des Winterpassats oder monsunaler Niederschläge können sie im Extrem aber auch bis zu 20 °N und S reichen. Insgesamt bedecken die immerfeuchten Tropen 8,4 % der Festlandfläche.

Kennzeichnend für das dort vorherrschende Klima ist eine Stetigkeit im Jahresablauf, d. h., es gibt keine Jahreszeiten, sondern es liegt ein **Tageszeitenklima** vor. Die Jahresdurchschnittstemperaturen liegen bei 25–27 °C, die durchschnittlichen Jahresniederschläge belaufen sich auf 2 000–4 000 mm. Dabei sind höchstens zweieinhalb bis drei Monate regenlos. In den meisten Gebieten sind, in Abhängigkeit der ITC, **zwei Regenspitzen** ausgeprägt. Aus der **extremen Strahlungsintensität** in Äquatornähe resultieren zudem hohe Verdunstungswerte sowie ein damit einhergehender hoher Bewölkungsgrad. Typisch sind nahezu tägliche, ergiebige Gewitterschauer.

Aufgrund der extremen Niederschläge und der hohen Temperaturen finden in den immerfeuchten Tropen **stark ausgeprägte chemische Verwitterungsprozesse** statt, welche zudem erdgeschichtlich nicht durch Kaltzeiten unterbrochen wurden. Dies führt zu einer intensiven Ausschwemmung der Silikatminerale im Boden. Daraus resultieren **nährstoffarme, besonders saure Böden** – sogenannte Ferralsole, also eisen- und aluminiumoxidreiche Böden. Diese besitzen aufgrund ihrer Zweischichttonminerale, meist Kaolinite, nur eine geringe Kationenaustauschkapazität, d. h., ihre Fähigkeit, Nährstoffe zu speichern und wieder abzugeben, ist nur schwach ausgeprägt. Zudem ist die Streu- bzw. Humusauflage wegen der schnell ablaufenden Zersetzungs- und Abbauprozesse gering.

Die für die immerfeuchten Tropen typische Vegetation ist der artenreiche immergrüne Laubwald: der **tropische Regenwald.** Aufgrund der ganzjährigen Vegetationsperiode gibt es keine im Jahresablauf wiederkehrenden Entwicklungserscheinungen der Vegetation. Diese ist in sogenannte **Stockwerke** gegliedert, wobei jedes Stockwerk ein eigenes Mikroklima aufweist und mit Blick auf die darunterliegende Schicht eine Schutzfunktion hinsichtlich Sonneneinstrahlung und Starkregen ausübt. Die Bäume sind im Mittel 30–40 m hoch und haben ein meist **flachgründiges Wurzelwerk.** Insgesamt ist die Produktivität der Biomasse mit über 30 t/ha sehr hoch, wobei sich der Großteil davon in Form von Laub und Pflanzenresten oberirdisch befindet.

Von diesen Umweltbedingungen ausgehend hat sich im tropischen Regenwald ein **spezieller Nährstoffkreislauf** herausgebildet, der den Nachteil der nährstoffarmen und damit unfruchtbaren Böden kompensiert. Dabei kommt einer umgehenden Rückführung der Nährstoffe in die lebende pflanzliche Biomasse große Bedeutung zu. Dies ist gerade deshalb so wichtig, da ein Eintrag der Nährstoffe in den Boden einen **Verlust durch Ausschwemmung** bedeuten würde. Dazu kommt es zum einen durch die starken Regenfälle, zum anderen durch das geringe Speichervermögen des Bodens. Es findet also eine **rasche Zersetzung des Streuanfalls**, d. h. des toten Laubs und anderer Pflanzenteile, durch Mikroorganismen, Bakterien und Kleinstlebewesen statt. Die hohen Temperaturen und die ergiebigen Niederschläge wirken dabei beschleunigend auf die Zersetzungsprozesse. Eine besondere Bedeutung kommt bei der Zersetzung auch dem oberflächennahen Wurzelsystem in Verbindung mit den **Mykorrhiza-Pilzen** zu. Dieser mit den Bäumen in Symbiose lebende Wurzelpilz fungiert als „Nährstofffalle" und ermöglicht eine schnelle Aufnahme der bei der Zersetzung freigewordenen Nährstoffe sowie einen raschen Rücktransport in die Vegetation. So bleibt der Nährstoffverlust durch Ausschwemmung gering, was mit Blick auf den tiefgründig verwitterten Boden (B-Horizont) und die für die flachwurzelnden Pflanzen unerreichbar tief liegenden Primärminerale (C-Horizont) von großer Wichtigkeit ist. Der Regenwald, dessen Nährstoffe sich zu einem großen Teil im oberirdischen Teil der Biomasse befinden, lebt also nicht vom, sondern eigentlich lediglich „auf" dem Boden.

Kommt es durch **anthropogene Eingriffe**, wie etwa die Landwirtschaft, zu unangepassten Nutzungsformen, besteht die Gefahr der Störung dieses kurzgeschlossenen Nährstoffkreislaufs. Landwirtschaftliche Inwertsetzung beginnt in den tropischen Regenwäldern zumeist mit **Brandrodung**. Dabei stellen sich sowohl der Nährstoffgewinn als auch das Anheben des pH-Werts des Bodens durch die mineralreiche Asche jedoch nur als kurzfristige Erscheinungen heraus. Grund dafür ist, dass die starken Regenfälle die Nährstoffe schnell in den Unterboden sickern lassen, wo sie aufgrund der mangelnden Speicherfähigkeit rasch wieder ausgeschwemmt werden. Langfristig besteht bei unangepasster Landnutzung die Gefahr schnell abnehmender Erträge, zunehmender Erosion und letztendlich einer **irreversiblen Zerstörung des Ökosystems**.

allgemeine Problematik bei landwirtschaftlicher Nutzung

Aufgrund der üppigen Vegetation und der klimatischen Gunstfaktoren schienen die immerfeuchten Tropen lange Zeit als **idealer Standort** für die landwirtschaftliche Produktion. Wie in Text M 1 ersichtlich, galt diese Annahme noch bis weit ins 20. Jahrhundert, sollten laut dem Text die immerfeuchten Tropen doch mehr als doppelt so viele Menschen pro Quadratkilometer ernähren können als etwa Regionen der mittleren Breiten. Heute weiß man, dass dies nur für besondere Standorte, wie etwa vulkanische Böden oder fruchtbares Schwemmland gilt. Wie ich bereits deutlich gemacht habe, sind in weiten Teilen der immerfeuchten Tropen die **unfruchtbaren Böden** der limitierende Faktor bei der landwirtschaftlichen Nutzung.

Bewertung des agrarischen Potenzials
kritische Betrachtung von M 1

Nur der kurzgeschlossene Nährstoffkreislauf des intakten Ökosystems ermöglicht die artenreiche Vegetation. Wird dieser jedoch durch Brandrodung zerstört, kann eine dauerhafte – insbesondere kommerzielle – Nutzung meist nur kurzzeitig erfolgen, ehe neue Flächen gerodet werden müssen.

Häufig wird in den Ländern der immerfeuchten Tropen **Wanderfeldbau** betrieben. Dabei kommt es nach unterschiedlich langer Zeit der Nutzung zur Verlegung, d. h. zum „Wandern", der Anbauflächen aufgrund der Erschöpfung des Bodens. Ausgangspunkt ist auch hier die Brandrodung. Nährstoffzufuhr sowie Anhebung des pH-Werts durch die Asche der verbrannten Pflanzen ermöglichen eine agrarische **Nutzung für wenige Jahre**, wobei sehr schnell **Ertragsrückgänge** festgestellt werden. Anschließend braucht der Boden zur Regeneration 10–20 Jahre Brachezeit. Bei unter 6 Einwohnern/km^2 und **ausreichender Brachezeit** der Rodungsinseln handelt es sich beim Wanderfeldbau um eine angepasste Nutzungsform, gerade wenn vorwiegend Subsistenzwirtschaft betrieben wird. Allerdings kann die erforderliche Brache häufig aufgrund steigender Einwohnerzahlen nicht eingehalten werden und das Erschließen neuer Rodungsflächen führt zu einer großflächigen Zerstörung des natürlichen Ökosystems. Dadurch dass der Boden nun nicht mehr durch die Vegetation geschützt ist, besteht eine erhöhte Erosionsgefahr. Zudem wird eine dauerhafte Nutzung immer schwieriger, da die Böden durch die Sonnenstrahlen, die nun ungehindert auf die Erdoberfläche treffen, austrocknen und verkrusten.

Neben dem Wanderfeldbau spielen mehrjährige **Monokulturen** eine bedeutsame Rolle. Dabei werden meist *Cash Crops* für den Export in Form von intensiver Landwirtschaft auf Plantagen bzw. Futterpflanzen für die extensive Beweidung angebaut. Der Anbau auf Plantagen erfordert eine ständige, **kapitalintensive Düngung** sowie eine Kalkung zur Versorgung der Pflanzen mit Nährstoffen aufgrund des mangelnden Sorptionsvermögens des Bodens. **Einseitige Bodenbeanspruchung** und der **Verlust der Artenvielfalt** sind typische Kennzeichen einer solchen Nutzungsform. Monokulturen sind zudem besonders anfällig für **Schädlinge und Pflanzenkrankheiten** und so kommt es meist zum Einsatz von Pestiziden bzw. Herbiziden. Ferner besteht auch hier die Gefahr von Bodenerosion und einem erhöhten Oberflächenabfluss. Eine dauerhafte und vor allem nachhaltige Bewirtschaftung ist daher kaum oder nur unter großem Aufwand möglich.

Die Agroforstwirtschaft, auch **Eco-Farming** genannt, bietet die Möglichkeit einer **nachhaltigen landwirtschaftlichen Nutzung** der tropischen Regenwälder. Dabei wird auf einen Kahlschlag mit vollständiger Brandrodung verzichtet. Große Bäume verbleiben auf der agrarisch zu nutzenden Fläche und tragen, zusammen mit einem

Wanderfeldbau

Monokulturen

Agroforstwirtschaft

19

stockwerkartigen Anbau unterschiedlicher Nutzpflanzen, zum Erhalt des natürlichen Nährstoffkreislaufs sowie der Artenvielfalt bei. Durch die Kombination aus Forstwirtschaft, Landwirtschaft und Viehhaltung auf einer Fläche wird das Risiko für Bodenerosion und oberflächlichen Abfluss verringert und gleichzeitig für eine **natürliche Düngung** durch den Viehbestand gesorgt. Eine solche Nutzungsform erfordert entsprechendes Know-how und bedarf eines erhöhten Arbeitseinsatzes, da Maschinen auf Mischkulturflächen nur bedingt eingesetzt werden können. Die Agroforstwirtschaft eignet sich daher vor allem für die **Subsistenzwirtschaft**. Wenn vom Endkunden höhere Preise für die Produkte gezahlt werden, etwa im Rahmen von Fair-Trade-Kampagnen, kann jedoch auch bei dieser Nutzungsform die Rentabilität für eine auf den Weltmarkt ausgerichtete Produktion gegeben sein.

Abschließend lässt sich festhalten, dass der Regenwald nur scheinbar von Überfluss geprägt ist. Der Ausspruch: „Der Regenwald ist eine Wüste, bedeckt mit Bäumen" bringt die **Problematik der unfruchtbaren Böden** auf den Punkt. Bei den meisten der vorherrschenden Landnutzungsformen besteht eine große **Gefahr der Degradation** und des unwiderruflichen Verlusts des Ökosystems tropischer Regenwald. Zudem fehlt oft Fachwissen, Kapital oder Rentabilität, um eine nachhaltige Produktion realisieren zu können. Deshalb sind **weltweite Anstrengungen** nötig, um das landwirtschaftliche Potenzial der tropischen Regenwälder wirklich nachhaltig zu nutzen und somit dieses Ökosystem, welches für ein globales Gleichgewicht von unschätzbarem Wert ist, zu bewahren.

Schluss
Fazit: Gefahr des Verlusts des Ökosystems bei unangepasster Nutzung

Schutz der tropischen Regenwälder bedarf weltweiten Einsatzes

---

Mögliche Fragen zum Schwerpunktthema

1 *Sie sind in Ihrem Referat auf die ökologischen Probleme bei der Plantagenwirtschaft in den Tropen eingegangen. Erörtern Sie auch die sozioökonomischen Aspekte dieser agrarischen Bewirtschaftungsform.*

- **Ökonomisch:**
  - Export von *Cash Crops* in außertropische Regionen bringt Devisen (ermöglicht Investitionen)
  - Produktion für den Export liegt allerdings meist in der Hand internationaler Großkonzerne
  - einseitige Ausrichtung der Infrastruktur (z. B. Verkehrswege, Häfen) auf den Export der landwirtschaftlichen Güter
  - Flächenkonkurrenz zu *Food Crops*, dadurch höhere Preise für Lebensmittel bis hin zu Nahrungsmittelknappheit bei der lokalen Bevölkerung
  - große Abhängigkeit von Weltmarktpreisen und Gefahr der Verschuldung

- **Sozial:**
  - – Entstehung von Arbeitsplätzen in der industriellen Landwirtschaft
  - – Förderung gesellschaftlicher Entwicklung durch Investitionen
  - – allerdings häufig mangelnde Bezahlung und geringe Umwelt- und Sozialstandards
  - – bei Subsistenzwirtschaft Gefahr von Armut und Hunger durch Flächenkonkurrenz mit *Cash Crops*

2 *Erläutern Sie die Interessen der Industrieländer (globaler Norden) am Erhalt der tropischen Regenwälder.*

- – Industrieländer sollten großes Interesse am Erhalt der tropischen Regenwälder haben, trotz großer räumlicher Distanz
- – tropische Regenwälder sind die artenreichsten Ökosysteme der Erde und stellen als wichtiger Lebensraum für Tiere und Pflanzen einen umfangreichen Genpool dar, der u. a. für die medizinische Forschung Möglichkeiten bietet
- – weitreichende Bedeutung der Regenwälder für globales Klima und regionale Wettersysteme, da sie als Wasserspeicher und CO_2-Senke großen Einfluss auf atmosphärische Prozesse ausüben
- – Brandrodung großer Flächen des Regenwaldes erhöht die anthropogenen Kohlenstoffemissionen und verstärkt somit den Klimawandel

3 *Stellen Sie Möglichkeiten dar, wie Staaten und Individuen dazu beitragen können, die tropischen Regenwälder als intakte Ökosysteme zu bewahren.*

- **Staaten:**
  - – Beschluss internationaler Abkommen zum Umweltschutz, etwa zur Ausweisung von Naturschutzgebieten oder zur Schaffung von Umweltstandards bei der Produktion von Gütern aus dem Regenwald
  - – Einfuhrbeschränkungen bzw. Verbote für land- und forstwirtschaftliche Produkte aus Regenwaldgebieten
  - – Bereitstellung finanzieller Mittel sowie von Know-how zur Regenwaldpflege und zur angepassten und nachhaltigen Nutzung der tropischen Regenwälder
  - – Bildungsinitiativen und Aufklärungskampagnen
- **Individuen:**
  - – Vermeidung von Produkten (z. B. Nahrungsmittel, Möbel) aus Regenwaldregionen, wenn nicht zweifelsfrei feststeht, dass eine nachhaltige Produktion gewährleistet wurde (z. B. durch Umweltsiegel)
  - – Unterstützung von Naturschutzorganisationen

Lehrplanbereich	Ressourcen – Nutzung, Gefährdung und Schutz (Kurshalbjahr 11/2)
Thema des Referats	Wasserversorgung in Israel und Palästina

Aufgabenstellung

1 Beschreiben Sie die Problematik der Wasserversorgung in Israel und Palästina unter Berücksichtigung klimatischer und hydrologischer Voraussetzungen und unter Einbeziehung der Materialien.

2 Erörtern Sie darauf aufbauend Möglichkeiten, wie mit dieser Problematik konstruktiv umgegangen werden kann.

M1   In der Wüste wächst was

Die Bevölkerung wird immer größer, die Wüste auch. Das passt nicht gut zusammen. Es sei denn, man könnte die trockenen Sandböden zu einer blühenden Plantage machen. In Israel [...] gelingt das.

Da wachsen Ölbäume, wo ringsum nichts ist außer Sand und Steinen und Wind. Eine
5 Jojobaplantage[1] in der Wüste Negev. Fünfhundert Hektar Bäume, ein Fünftel der Weltproduktion von Jojobaöl auf kleinem Raum. Wie diese Plantage ist Israel: Klein, aber leistet Großes. Israel ist der globale Hotspot[2] der aufkommenden Wüstenlandwirtschaft. So wie hier, in der Jojobaplantage von Hatzerim[3], so grünt es an immer mehr Orten in einem zwar heiligen, aber ausnehmend lebensfeindlichen Landstrich –
10 bis runter an die Küste des Roten Meeres, wo der Sinai beginnt und Arabien am Abendhorizont leuchtet. [...]
Die ersten jüdischen Siedler gründeten diesen Kibbuz[4] im Jahr 1946. Jetzt sitzt hier der Weltmarktführer für Tröpfchenbewässerung, Netafim – fünftausend Mitarbeiter, zwölf Werke rund um den Globus. Eine Jahresproduktion von Wasserschläuchen, die
15 zusammengenommen angeblich einhundertzwanzigmal um die Erde reichen würden.
[...]
Ernährung, denkt man, hängt an Bäumen, Pflanzen, Dünger. Aber in der Wüste kommt es auf etwas anderes an: Rohre, Leitungen, Schläuche. Um Wasser gibt es immer wieder Konflikte mit den autonomen Palästinensergebieten im Westjordanland. Der
20 Norden Israels verfügt über Grundwasserreservoirs. Doch immer mehr Wasser kommt aus den Meerwasserentsalzungsanlagen an der Küste.

22

Allerdings ist es nicht einfach, mit entsalztem Meerwasser Landwirtschaft zu betreiben, ohne dabei Verluste zu erwirtschaften. Denn die Anlagen brauchen viel Energie, und das entsalzte Wasser ist teuer. Es kostet etwa 1,5 Schekel[5] pro Kubikmeter, zu viel
25 für eine profitable Gemüsezucht. Also geht es zunächst an die Millionen Haushalte zwischen Tel Aviv, Haifa im Norden und Jerusalem.
Der Landwirtschaft bleibt das Schmutzwasser. Im Norden nützt aber auch das nichts, denn Bewässerung mit dem immer noch phosphor- und kalihaltigen aufbereiteten Abwasser würde dort das Grundwasser verdrecken. Anders in der Wüste: Hier findet
30 das geklärte Schmutzwasser seinen Einsatz. Etwa dreißig Anlagen, in denen Schmutzwasser aufbereitet wird, stehen in Israel. Zum Beispiel wird schon die Hälfte des Abwassers der Stadt Jerusalem gefiltert und geklärt. Dieses Wasser fließt dann zum Kibbuz Tzora. Wie Adern ziehen sich Kanäle und Leitungen weiter in den Süden. Israel gilt als das Land, das weltweit den größten Anteil an Abwasser wiederverwertet.
35 Rund 90 Prozent sind es hier nach Angaben der Behörden; nur rund 20 Prozent in Spanien, ein Prozent in den Vereinigten Staaten.

Quelle: Jan Grossarth: In der Wüste wächst was, 12.12.2018; im Internet unter:
https://www.faz.net/aktuell/race-to-feed-the-world/israel-und-jordanien-in-der-wueste-waechst-was-
15918201.html

Anmerkungen
1 Aus den Samen des Jojobastrauches bzw. -baumes wird Öl für Kosmetikprodukte gewonnen.
2 hier: Mittelpunkt
3 auch Chazerim, ein Kibbuz westlich von Beersheba in der Wüste Negev im Süden Israels
4 ländliche Kollektivsiedlung
5 ca. 0,37 €

Verwenden Sie zur Bearbeitung der Aufgabe die farbige Abbildung der Karte auf den
Farbseiten am Ende des Buches.

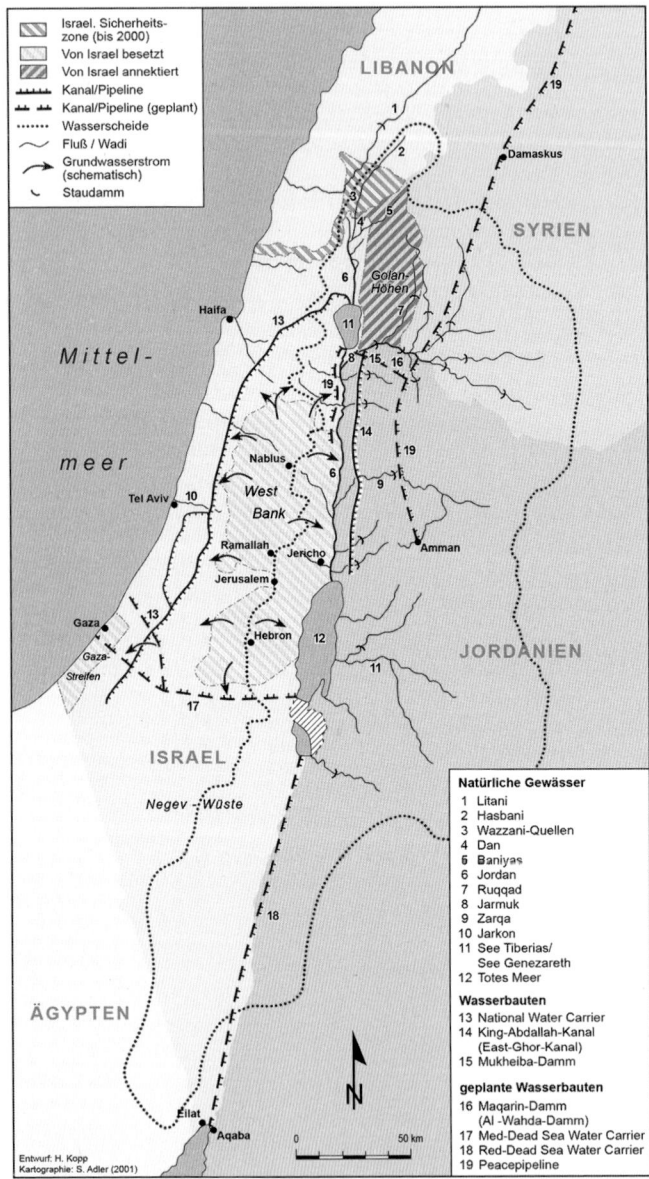

Israel. Sicherheitszone (bis 2000)
Von Israel besetzt
Von Israel annektiert
Kanal/Pipeline
Kanal/Pipeline (geplant)
Wasserscheide
Fluß / Wadi
Grundwasserstrom (schematisch)
Staudamm

Natürliche Gewässer
1 Litani
2 Hasbani
3 Wazzani-Quellen
4 Dan
5 Baniyas
6 Jordan
7 Ruqqad
8 Jarmuk
9 Zarqa
10 Jarkon
11 See Tiberias/ See Genezareth
12 Totes Meer

Wasserbauten
13 National Water Carrier
14 King-Abdallah-Kanal (East-Ghor-Kanal)
15 Mukheiba-Damm

geplante Wasserbauten
16 Maqarin-Damm (Al -Wahda-Damm)
17 Med-Dead Sea Water Carrier
18 Red-Dead Sea Water Carrier
19 Peacepipeline

Entwurf: H. Kopp
Kartographie: S. Adler (2001)

© *Stephan Adler*

24

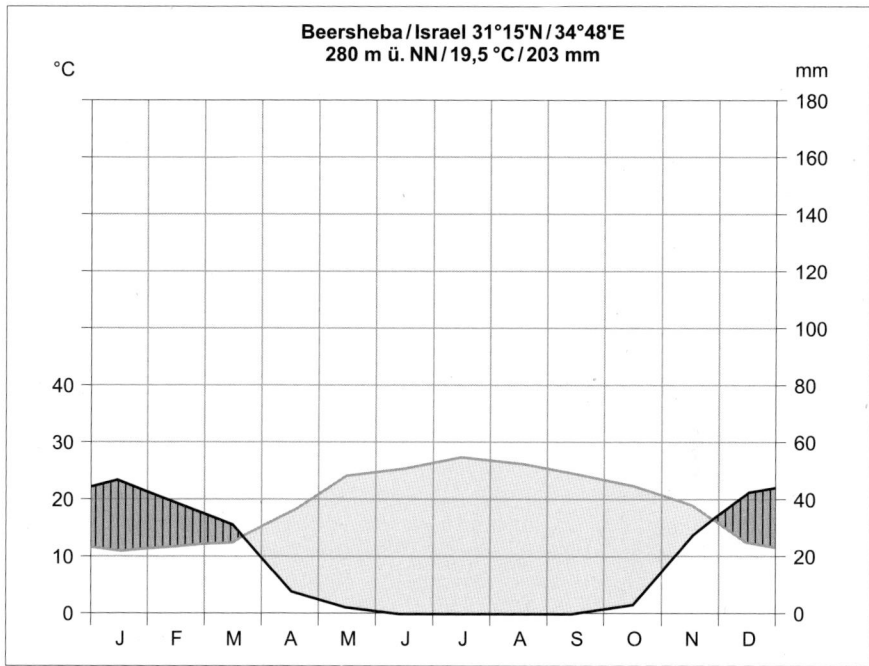

Beersheba/Israel 31°15'N/34°48'E
280 m ü. NN/19,5 °C/203 mm

Quelle: Hedwig in Washington/wikipedia, CC BY-SA 3.0

Anmerkung: Der Kibbuz Hatzerim, der in M 1 genannt wird, befindet sich 8 km westlich von Beersheba.

Lösungsvorschlag

Der Aufbau des Referats ergibt sich aus der **zweigliedrigen Aufgabenstellung.** Die Operatoren („beschreiben", „erörtern") geben dabei die Zielrichtung vor. Der Schwerpunkt der Aufgabe liegt mit einem Gewicht von ca. 40:60 auf dem zweiten Aufgabenteil.

Beginnen Sie Ihr Referat mit einer kurzen **Hinführung** zum Thema. Es gibt viele Möglichkeiten, wie Sie hier vorgehen können. Es sollte jedoch bereits in der Einleitung deutlich werden, dass Wasser in Israel/Palästina eine knappe Ressource ist. Sinnvoll ist es auch, den Prüfern am Ende der Hinführung die eigene **Vorgehensweise** (Kurzgliederung des Referats) knapp vorzustellen.

Der **Operator „beschreiben"** entspricht dem Anforderungsbereich I und verlangt, dass **Informationen aus den Materialien** zusammen mit **eigenem Wissen** zur Thematik zusammenhängend und schlüssig wiedergegeben werden. Grundkenntnisse zum Thema „Wasserproblematik in ariden Räumen" sowie zum Nahostkonflikt werden vorausgesetzt. Der Text (M 1), die thematische Karte (M 2) und das Klimadiagramm (M 3) bieten zusätzliche Ansatzpunkte und sollen entsprechend der Aufgabenstellung einbezogen werden. Sichten Sie unbedingt auch geeignete Atlaskarten, die Ihnen Aufschluss über die klimatischen und hydrologischen Voraussetzungen der Region geben. Analogieschlüsse zu anderen, auch im Unterricht besprochenen Regionen (z. B. zu den Wüstengebieten Nordafrikas) sind zulässig und sinnvoll.

Der **Operator „erörtern"** entspricht zunächst dem Anforderungsbereich III. Zu der vorgegebenen Problemstellung (Wasserversorgung in Israel/Palästina) sollen eigene **Lösungsansätze entwickelt** werden, was insoweit auch den Anforderungsbereich II (Reorganisations- und Transferleistungen) berührt. Durch die Erörterung von **Handlungsansätzen** im Umgang mit der Wasserproblematik zeigen Sie, dass Sie die Situation in Israel/Palästina differenziert einschätzen können. Die in M 1 dargestellten Lösungsansätze sind eine geeignete Grundlage für Ihre Ausführungen. Erwartet werden aber auf jeden Fall auch darüber hinausgehende eigene Überlegungen. Parallelen zu anderen Regionen mit einer ähnlichen Problematik können aufgegriffen werden.

Beenden Sie Ihr Referat mit einem kurzen **Schlussgedanken**, in dem Sie ein Fazit zu Ihren Ausführungen ziehen.

Themenspezifische Atlaskarten

- Diercke Weltatlas, S. 160/161: Naher Osten – Physische Übersicht (Karte 3), Niederschlag (Karte 4), Israel – Wirtschaft (Karte 5)
- Haack Weltatlas, S. 156: Orient (Erdöl und Wasser) – Wasserversorgung (Karte 4)
- Haack Weltatlas, S. 159: Orient (Naher Osten, Jerusalem) – Krisenregion Naher Osten (Karte 1)

| **Gliederung des Kurzreferats** |

Einstieg:
- Wunsch nach fruchtbarem Land in Israel/Palästina seit jeher existent
- Problematik der Wasserversorgung als limitierender Faktor
- Kurzgliederung des Referats

Hauptteil:
Problematik der Wasserversorgung in Israel und Palästina
- **klimatische Voraussetzungen:**
  - Israel/Palästina als Teil des subtropischen Trockengürtels → semiaride bis aride Bedingungen
  - Norden: heiße, trockene Sommer und milde, relativ regenreiche Winter; Mittelmeerklima (vgl. Atlas)
  - Süden: Aridität, extrem geringe Niederschlagssummen (bis unter 100 mm/Jahr); Wüstenklima (vgl. Atlas)
  - Klima Beersheba (M 3): Verlauf der Temperaturkurve ähnlich Mittelmeerklima (heiße, trockene Sommer, milde Winter); allerdings geringere Niederschlagsmenge → Summe der Niederschläge in Beersheba entspricht Wüstenklima
- **hydrologische Voraussetzungen:**
  - Oberflächengewässer (vgl. M 2): See Genezareth, Jordan und Zuflüsse, einige wenige Flüsse, die ins Mittelmeer führen
  - Grundwasser im Norden (vgl. M 1), im Westjordanland (vgl. M 2) und im Küstengebiet (vgl. Atlas)
- **Problematik:**
  - insgesamt Wasserknappheit
  - aber: Notwendigkeit des Bewässerungsfeldbaus aufgrund der vorherrschenden klimatischen Bedingungen
  - zusätzlich steigender Wasserbedarf aufgrund wachsender Bevölkerungszahlen

Erörterung von Möglichkeiten, um mit der Problematik konstruktiv umzugehen

- **Einsatz infrastruktureller/technischer Maßnahmen zur idealen Nutzung der Wasservorkommnisse**
  - **Maßnahmen:**
    - Brunnenbau im Bereich der Grundwasserströme; Nutzung der Grundwasserreservoirs (vgl. M 1)
    - Nutzung von Fluss- und Seewasser
    - Meerwasserentsalzungsanlagen an der Küste (vgl. M 1, Atlas)
    - landwirtschaftliche Nutzung von geklärtem Schmutzwasser, das z. B. von Jerusalem in die Wüste Negev gepumpt wird (vgl. M 1)
    - klimaangepasste Bewässerungsformen (z. B. Tröpfchenbewässerung), um Verdunstung und Bodenversalzung gering zu halten
  - **Problem:**
    - Großteil der Maßnahmen zur Trinkwassergewinnung setzen entsprechende finanzielle Möglichkeiten voraus, die in Israel und Palästina ungleich verteilt sind
    - dank der Finanzkraft Israels sind aufwendige Verfahren möglich; dagegen Wasserknappheit und Rationierung in Palästina
  - **konstruktives Vorgehen:**
    - angemessenes Einbeziehen der palästinensischen Bevölkerung in die Wasserversorgung
    - Verzicht darauf, die Ressource Wasser als politisches Druckmittel einzusetzen

- **politische Maßnahmen zur Gewährleistung der Wasserversorgung**
  - **militärisches Vorgehen Israels:**
    - Besetzung des ursprünglich zu Jordanien gehörenden Westjordanlandes; Nutzung als Grundwassergebiet (vgl. M 1, M 2)
    - seit dem Sechstagekrieg 1967 Kontrolle der Wasservorräte in den besetzten Palästinensergebieten durch Israel; kontrollierte Abgabe von Wasser an Palästinenser
    - Kontrolle der Sicherheitszone mit Wasservorräten im Norden (Libanon) durch Israel bis zum Jahr 2000
  - **Problem:**
    - andauernde ethnische (Israelis vs. Palästinenser), religiöse (Juden vs. Muslime) und territoriale Konflikte; Wasserknappheit verschärft die Situation
    - aufgrund der Abhängigkeit aller Beteiligten von der Ressource Wasser ist eine Lösung nur sehr schwer zu erreichen
    - Rückgabe der Golanhöhen an Syrien steht für Israel kaum zur Debatte; Gebiet des Westjordanlands und der Golanhöhen durch den israelischen Siedlungsbau mehr und mehr unter israelischer Kontrolle

– konstruktives Vorgehen:

■ Konflikt nur durch zwischenstaatliche Abkommen zur Wassernutzung und eine möglichst gerechte Verteilung der Wasservorräte lösbar (gilt auch für den besetzten Gazastreifen)

Schluss:

- Israel/Palästina ist durch Wasserarmut gekennzeichnet
- Lösung der Wasserproblematik wurde durch Israel (aber auch durch die benachbarten arabischen Staaten) auf militärischem Weg gesucht
- politischer Konflikt (Nahostkonflikt) wird durch Konflikt um Wasser verschärft, d. h., Lösung des Wasserkonflikts muss mit der Lösung des Nahostkonflikts einhergehen

---

Kurzreferat

Israel – das „heilige Land", wie es in der Bibel genannt wird. Das Land, in dem „Milch und Honig fließen". Der Traum von einem fruchtbaren Land als Heimat der Israelis existiert also nicht erst, seitdem die ersten Kibbuze gegründet wurden. Aber er lebt bis heute, wie Text M 1 deutlich macht. Israel ist jedoch seit jeher auch ein Gebiet, um das verschiedene Völker Krieg führen. Und auch das hat sich nur wenig geändert. Nach wie vor kämpfen Israelis und palästinensische Araber, sowie die benachbarten Staaten Libanon, Syrien – und in geringerem Ausmaß auch Jordanien und Ägypten – um das Land und seine Ressourcen, auch um Wasser. Denn in einem semiariden bis ariden Gebiet wie dem Nahen Osten ist Wasser ein kostbares Gut.

Im folgenden Referat soll zunächst die **Problematik der Wasserversorgung** in Israel und Palästina beschrieben werden. Darauf aufbauend erörtere ich **Möglichkeiten**, wie mit dieser Problematik konstruktiv umgegangen werden kann.

Die Problematik der Wasserversorgung in Israel und Palästina liegt in erster Linie in den klimatischen und hydrologischen Bedingungen begründet.

Das **Klima** dieser Region, die im Bereich des subtropischen Trockengürtels liegt, kann von Nord nach Süd als semiarid bis arid bezeichnet werden. Im nördlichen Teil herrscht typisches **Mittelmeerklima** mit heißen, trockenen Sommern und milden, von mäßigem Niederschlag geprägten Wintern. Nach Süden hin werden die trockenen und heißen Sommer länger und die Summe der Niederschläge sinkt auf bis zu unter 100 mm/Jahr. Es herrscht **Wüstenklima**. Anhand des Klimadiagramms der Stadt Beersheba, die relativ zentral in Israel liegt, kann das Klima exemplarisch analysiert werden. Die Temperaturkurve verläuft ähnlich wie in nördlicheren

Einstieg

seit jeher Wunsch nach fruchtbarem Land

Wasser als kostbares Gut

Kurzgliederung des Referats

Hauptteil
Problematik der Wasserversorgung

klimatische Voraussetzungen

Städten des Landes und lässt auf ein klassisches Mittelmeerklima schließen. Allerdings ist die jährliche durchschnittliche Niederschlagsmenge mit nur ca. 200 mm ein deutlicher Indikator dafür, dass Beersheba bereits am Eingang der Wüste Negev liegt. Dennoch wird unter diesen Bedingungen im Kibbuz Hatzerim, der nur 8 km westlich von Beersheba liegt, Landwirtschaft betrieben.

Bei den **hydrologischen Gegebenheiten** ist zunächst der **See Genezareth** zu nennen, der das größte Trinkwasserreservoir Israels und zugleich der größte natürliche See des Nahen Ostens ist. Gespeist wird der See durch den **Jordan und dessen Quellflüsse**, den Dan im Norden Israels, den Baniyas aus den Golanhöhen und den Hasbani aus dem an Israel angrenzenden Teil des Libanons. Südlich des Sees fließen weitere Flüsse in den Jordan, so z. B. der Jarmuk, der einen Teil seines Wassers von dem ebenfalls aus den Golanhöhen kommenden Ruqqad erhält. Der Jordan fließt schließlich bis ins Tote Meer, dessen Wasser aufgrund des hohen Salzgehalts jedoch weder als Trinkwasser noch für die Landwirtschaft nutzbar ist. Weitere **Flüsse aus dem Landesinnern** münden ins Mittelmeer, so z. B. der Jarkon.

hydrologische Voraussetzungen

Hinsichtlich der hydrologischen Bedingungen lässt sich Israel in eine nördliche und eine südliche Hälfte teilen, wie die Karte aus M 2 zeigt. Im nördlichen Teil Israels, im gesamten Westjordanland und im Küstengebiet befinden sich Grundwasservorräte, die über Brunnen zugänglich gemacht werden können. Die südliche Hälfte hat hingegen keine nennenswerten Wasservorräte.

Insgesamt herrscht in ganz Israel/Palästina **Wasserknappheit**. Aufgrund der vorherrschenden klimatischen Bedingungen ist jedoch, v. a. in den südlichen Gebieten, der **Bewässerungsfeldbau** die einzig mögliche landwirtschaftliche Nutzungsform. Das zeigt auch die Beschreibung der Landwirtschaft im Kibbuz Hatzerim (vgl. M 1). Zusätzlich zu dem relativ großen Wasserverbrauch durch die Landwirtschaft wird die Wasserknappheit durch das **natürliche Bevölkerungswachstum** verschärft.

Zusammenfassung der Problematik

Die Möglichkeiten im Umgang mit der Wasserknappheit sind in Israel dank der Finanzkraft des Landes vor allem infrastruktureller bzw. technischer Art. Es gilt, das vorhandene Wasser durch technische Hilfsmittel zugänglich zu machen bzw. mithilfe von geeigneter Infrastruktur für Verbraucher und Landwirtschaft aufzubereiten.

Möglichkeiten, mit der Situation umzugehen

Im Bereich der **Grundwasserströme** (in M 1 ist die Rede von „Grundwasserreservoirs") besteht die Möglichkeit, Brunnen anzulegen. Allerdings handelt es sich bei den Grundwasserreservoirs zum Teil um fossiles Grundwasser, also um eine endliche Ressource. Entlang der **Fließgewässer** ist die Nutzung des Flusswassers, etwa zum Ackerbau, möglich. Und auch rund um den **See Genezareth** wird

infrastrukturelle und technische Maßnahmen:

Nutzung von Grundwasser

Bewässerungsfeldbau betrieben. Der See selbst ist der größte Grundwasserspeicher Israels und versorgt über eine **Wasserpipeline**, die *National Water Carrier*, fast das gesamte westliche Israel von den Gebieten nördlich des Sees bis ins Grenzgebiet zum Gaza-Streifen und zu Ägypten. Weitere Leitungen sind geplant, so die *Red-Dead Sea Water Carrier* vom Roten zum Toten Meer und die *Med-Dead Sea Water Carrier* vom Mittelmeer zum Toten Meer. Mithilfe dieser letzten Pipeline könnte durch Meerwasserentsalzungsanlagen gewonnenes Süßwasser ins Landesinnere befördert werden. Zudem soll damit die zunehmende Verdunstung des Wassers aus dem Toten Meer ausgeglichen werden. **Meerwasserentsalzungsanlagen** finden sich in Israel nahezu entlang des gesamten Küstenstreifens. Da das durch die Entsalzung gewonnene Wasser teuer ist, wird es in der Regel zunächst als Trinkwasser in großen Städten wie Tel Aviv, Haifa oder Jerusalem verwendet. Das in den Städten entstehende **Schmutzwasser** wird dann wiederum geklärt und in der **Landwirtschaft eingesetzt.** Um das Grundwasser nicht durch phosphor- und kalihaltige Abwässer zu verschmutzen, geschieht dies jedoch nicht im stärker besiedelten und grundwasserreichen Norden Israels, sondern in der Wüste Negev, wo z. B. Plantagen mit dem Schmutzwasser aus Jerusalem bewässert werden.

Wasserpipelines

Meerwasserentsalzung

Bewässerung mit Schmutzwasser

Zudem kommt besonders eine israelische Erfindung in der Wüste Negev zum Einsatz: die **Tröpfchenbewässerung.** Dabei handelt es sich um eine an das aride Klima angepasste Bewässerungsform. Durch kleine Öffnungen in den Schläuchen tritt gerade so viel Wasser aus, wie die Pflanze benötigt, um zu gedeihen. Vorteile dieser Methode sind der aufgrund der **geringen Verdunstung** sehr niedrige Wasserverbrauch und die weitgehende **Vermeidung der Bodenversalzung.** Der Weltmarktführer für Tröpfchenbewässerung hat seinen Sitz im Kibbuz Hatzerim nahe Beersheba.

Tröpfchenbewässerung

Den meisten Möglichkeiten der Wassergewinnung bzw. -nutzung ist der **hohe Kostenaufwand** gemein, der damit verbunden ist. Israel hat aufgrund seiner finanziell soliden Lage die Möglichkeiten, kostenaufwendige Methoden wie die Meerwasserentsalzung oder die Tröpfchenbewässerung auf großen Flächen einzusetzen. Im palästinensischen Teil ist dies kaum der Fall, was dort zu größerer Wasserknappheit und dementsprechend zur Rationierung der Vorräte führt. Langfristig sollte eine möglichst **gerechte Verteilung der Ressource Wasser** angestrebt werden. Die palästinensische Bevölkerung muss – wie teilweise bereits geschehen – in die Wasserversorgung einbezogen werden und an den technischen Möglichkeiten, die Israel erfolgreich einsetzt, teilhaben können. Darauf, Wasser als politisches Druckmittel einzusetzen, muss verzichtet werden. Nur so ist eine friedliche Koexistenz verschiedener Religionen und Ethnien im Nahen Osten möglich.

Problematik: ungleiche Verteilung

konstruktives Vorgehen

Die Wasserknappheit in der Region hat auch eine **politische Dimension** und spielt bereits seit der Gründung des Staates Israel im Jahr 1948 eine entscheidende Rolle im Nahostkonflikt. Im Sechstagekrieg 1967 besetzte Israel unter anderem den Gazastreifen, das Westjordanland und die Golanhöhen, später (Anfang der 1980er) auch die zum Libanon gehörende Sicherheitszone (jedoch nur bis zum Jahr 2000). Außer im Gazastreifen gibt es in all diesen Gebieten **Wasservorräte in Form von Quellen oder Flüssen**. Israel kontrolliert seit dem Sechstagekrieg die Grundwasservorräte in den besetzten Palästinensergebieten. Die Wasserabgabe an die arabische Bevölkerung wird von Israel festgelegt und auch der Bau von Brunnen muss von den Israelis genehmigt werden. Durch die Besetzung der Gebiete hat Israel also hinsichtlich der Wasserversorgung wichtige Territorien gewonnen.

politische Maßnahmen:

Besetzung und Annexion von Gebieten mit Wasservorräten

Folge der Besetzungen und Annexionen sind bis heute andauernde **ethnische, religiöse und territoriale Konflikte**. Die Wasserknappheit in der Region verschärft die ohnehin angespannte Situation zusätzlich. Dabei stehen jüdische Israelis muslimischen Arabern gegenüber. Auch die ungleichen Möglichkeiten der beiden Gruppen – bedingt durch die politische und militärische Überlegenheit der Israelis – tragen zu diesen Konflikten bei. Ein **konstruktives Vorgehen** zur Zufriedenheit aller Beteiligten ist **schwierig bis unmöglich**. Eine Rückgabe der Golanhöhen an Syrien steht dabei kaum zur Debatte. Israel verlöre damit nämlich auch die Kontrolle über Gebiete mit wichtigen Wasserressourcen. Zudem sind das Westjordanland und die Golanhöhen aus israelischer Sicht Teil Israels, seit dort mehr und mehr israelische Siedlungen gebaut werden.

Problematik: andauernde Konflikte

Rückgabe besetzter Gebiete unwahrscheinlich

Einzige Lösung ist das **Verhandeln zwischenstaatlicher Abkommen zur Wassernutzung** – etwa des Jordans – mit dem Ziel, die Wasservorräte möglichst gerecht zu verteilen. Das gilt auch für den von Israel besetzten Gazastreifen.

konstruktive Lösung: zwischenstaatliche Abkommen

Israel/Palästina ist ein durch Wasserarmut gekennzeichnetes Gebiet. Von anderen vergleichbaren Gebieten des subtropischen Trockengürtels unterscheidet es sich jedoch durch seine historisch bedingte politische Situation. Um die Wasserversorgung des Landes zu sichern, hat Israel bereits vor rund fünf Jahrzehnten mit den Golanhöhen und dem Westjordanland versorgungstaktisch wichtige Gebiete besetzt – aus israelischer Sicht ein Schritt, der nicht rückgängig gemacht werden kann. So bleibt neben dem politischen Konflikt, der als Nahostkonflikt bekannt ist, der Konflikt um die Ressource Wasser. Beide Konflikte können nur zusammen gelöst werden. Und sie können nur gemeinsam, unter Beteiligung aller Betroffenen und auf friedlichem Weg gelöst werden.

Schluss

1 *Wie der Text M 1 zeigt, ist Israel als finanzstarkes Land in der Lage, modernste Technik zur Wassergewinnung und zur Bewässerung zu verwenden. Beurteilen Sie, inwieweit anderen Staaten in der gleichen Klimazone vergleichbare Möglichkeiten zur Verfügung stehen.*

- in M 1 werden die Tröpfchenbewässerung und die Meerwasserentsalzungsanlagen genannt, in M 2 z. B. Wasserpipelines
- andere finanzstarke Staaten, wie die Erdöl exportierenden Staaten am Arabischen/Persischen Golf, haben ähnliche Möglichkeiten
- viele Staaten in dieser Klimazone sind jedoch weniger wohlhabend, z. B. Algerien, Ägypten oder das vom Krieg gezeichnete Syrien
- Tröpfchenbewässerung ist in diesen Ländern eventuell noch möglich, da es sich um ein technisch wenig aufwendiges Verfahren handelt
- baulich aufwendige Verfahren wie die Wasserpipelines sind stark von der Finanzkraft des jeweiligen Staates abhängig
- Hightech-Anlagen zur Süßwassergewinnung (in Israel für die Bewässerung bereits als wirtschaftlich kaum rentabel beschrieben) sind für ärmere Staaten unerschwinglich

2 *Stellen Sie kurz zwei traditionelle Bewässerungsformen in Trockenräumen vor.*

- mögliche Beispiele: Bewässerung aus Flüssen (Flussoase, Beispiel Nil), Foggara-System (Algerien), Grundwasseroase (Souf/Algerien), Water Harvesting (Jemen), Bewässerung aus fossilem Grundwasser
- **Flussoase** am Beispiel des Nils: Bewässerung ursprünglich im Rahmen der jahreszeitlichen Wasserführung (entsprechend der Regenzeiten im Quellgebiet des Nils); Überflutung der Felder mit Wasser und Düngung durch mitgeführten fruchtbaren Nilschlamm; seit Bau des Assuan-Staudamms gezielte Bewässerung unabhängig von den Jahreszeiten möglich, allerdings Sedimentation des Nilschlamms im Assuan-Stausee
- **Water Harvesting** am Beispiel Jemen: terrassenartige Anlage der am Hang gelegenen Felder verhindert Abfluss des Wassers; je nach Wassermenge und -bedarf wird ggf. das auf mehreren Feldern gesammelte Wasser auf darunterliegende Felder zusammengeführt; Speicherung überschüssigen Wassers in Zisternen

Lehrplanbereich	Umweltrisiken und menschliches Verhalten (Kurshalbjahr 11 / 2)
Thema des Referats	Klimawandel

Aufgabenstellung

1 Überprüfen Sie anhand der Materialien 1–3, wie realistisch es ist, dass die Weltgemeinschaft allein durch Reduktion der Emission von Treibhausgasen das 1,5 °C-Ziel noch erreicht.

2 Nehmen Sie zu den Forderungen der Schülergruppe #coolthearcticnow (M 4) Stellung.

3 Erläutern Sie, warum ein stabiles Klima besonders für die Arktis wichtig ist, indem Sie auf die Gefahren von sich selbst verstärkenden Rückkopplungsmechanismen eingehen und deren Funktionsweise anhand von mindestens einem Beispiel aufzeigen.

M 1 **Entwicklung der weltweiten CO$_2$-Emissionen**

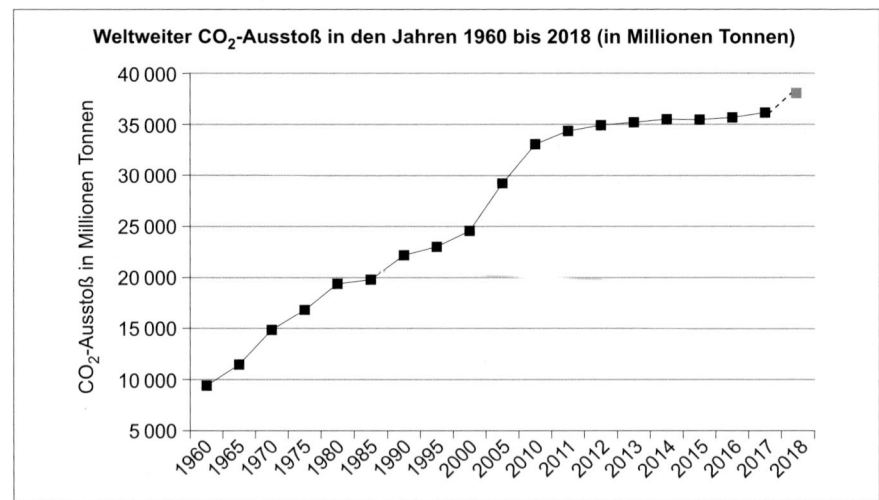

eigene Darstellung, Daten nach: Global Carbon Project

Anmerkung: Ein CO_2-Molekül verbleibt durchschnittlich 150 Jahre in der Atmosphäre. Bei den Daten für das Jahr 2018 handelt es sich um eine Prognose. Die endgültigen Zahlen liegen noch nicht vor.

M2 Globale Erwärmung im Jahr 2100

Die Grafik zeigt, zu welcher Erderwärmung es bis zum Ende des Jahrhunderts kommen würde, wenn sich alle Länder an das jeweilige Versprechen eines Landes aus dem Parisabkommen halten würden. Zur Erklärung ein Beispiel: Würde jedes Land der Welt seinen CO_2-Ausstoß so reduzieren, wie Kanada es im Parisabkommen versprochen hat, wäre die Erde am Ende des Jahrhunderts um mehr als 5,1 °C wärmer.

Verwenden Sie zur Bearbeitung der Aufgabe die farbige Abbildung der Karte auf den Farbseiten am Ende des Buches.

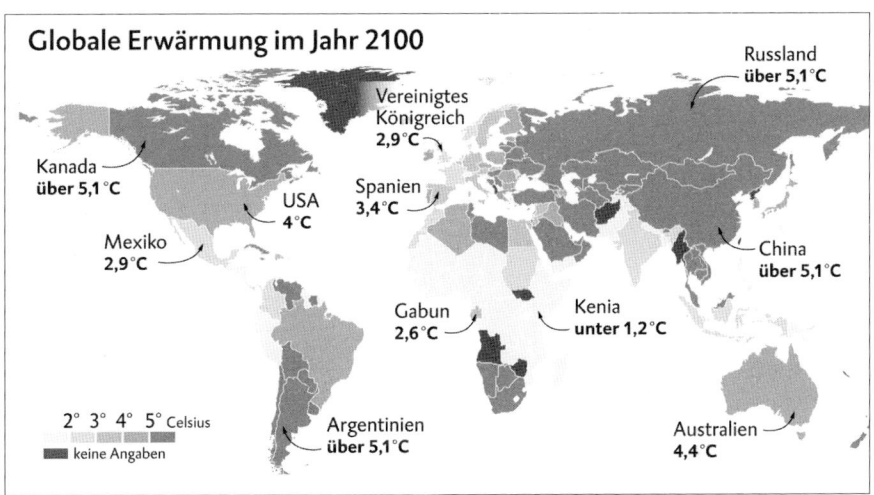

eigene Darstellung, Daten nach: Global Carbon Project

Anmerkung: Die Entwicklungsländer in Afrika spielen für das globale Klima eine untergeordnete Rolle, weil ihre Emissionen prozentual nur einen sehr geringen Anteil an den Gesamtemissionen ausmachen, während z. B. China allein für 28 % aller Emissionen weltweit verantwortlich ist.

Wie lange muss ein Elektroauto der oberen Mittelklasse durchschnittlich gefahren werden, damit sich die erhöhten CO_2-Emissionen der Produktion (v. a. für die Batterien) wieder egalisiert haben? Zur Einordnung: Laut Kraftfahrtbundesamt fährt ein Auto in Deutschland durchschnittlich ca. 14 000 km pro Jahr.

Wann fahren E-Autos klimafreundlicher?

Obere Mittelklasse:

	Elektro (Strommix)	Elektro (regenerativ)
Benzin	ab 127 500 km	ab 37 500 km
Diesel	ab 219 000 km	ab 40 500 km

© *ADAC e. V.*

Beim Klimagipfel von Paris Ende 2015 haben sich die Staaten auf eine maximale Erderwärmung von 2 °C bis zum Jahr 2100 (im Vergleich zum Beginn des Industriezeitalters) verständigt. Die Wissenschaftler des internationalen Klimarates IPCC haben nun jedoch in einer Veröffentlichung dringlich davor gewarnt, die durch den menschlichen Treibhauseffekt bedingte Erderwärmung auf über 1,5 °C ansteigen zu lassen. Der aktuelle Bericht des IPCC zeigt, dass sich dieser geringe Unterschied von nur 0,5 °C gravierend auf unseren Planeten auswirken würde. So würden bei einer Erwärmung von 1,5 °C z. B. 80 % der Korallen weltweit absterben, bei 2 °C wären bereits nahezu 100 % aller Korallenriffe betroffen.

Laut IPCC steuert die Erde aktuell jedoch sogar auf einen noch wesentlich größeren Temperaturanstieg von deutlich über 3 °C zu, was mit drastischen Konsequenzen verbunden wäre:
− Meeresspiegelanstieg zwischen 1 und 3 m bis 2100
− Kollaps ganzer Ökosysteme und massives Artensterben
− extreme Dürren, Hitzewellen, Starkregenereignisse und Stürme
− Überschreiten mehrerer *Tipping Points*[1] und die damit verbundene Gefahr, dass die Erde auch ohne weitere menschliche CO_2-Emissionen auf eine Warmzeit zusteuert

Wer will in einer solchen Welt leben? Wir nicht! Deshalb fordern wir von den jetzigen Entscheidungsträgern ein globales Klimastabilitätsprogramm, das den Temperaturanstieg nicht nur auf 1,5 °C beschränkt, sondern ihn in der zweiten Hälfte dieses Jahrhunderts sogar wieder auf die derzeit vorherrschende Temperatur (ca. 1 °C höher als vorindustriell) reduziert. Nur so können wir unseren Planeten retten!

Da eine Reduktion der Emissionen **allein** nicht mehr genügt, um das 1,5 °C-Ziel zu erreichen, geschweige denn, um die Erwärmung noch weiter zu senken, müssen endlich auch Maßnahmen ergriffen werden, mit denen der Atmosphäre bereits vorhandenes CO_2 wieder entzogen wird. Zudem wird es unerlässlich sein, Technologien zum Kühlen der Erde einzusetzen. So wäre es zum Beispiel möglich, durch den Eintrag zusätzlicher Partikel in die Stratosphäre die Erwärmung graduell zu reduzieren, ähnlich wie es nach Vulkanausbrüchen schon auf natürliche Weise geschieht[2]. Auch eine Erhöhung der Albedo der Erdoberfläche, etwa durch eine Weißfärbung größerer dunkler Flächen, könnte der Erderwärmung entgegenwirken. Derartige Maßnahmen sind zwar bereits bekannt, wurden aber noch nicht intensiv genug erforscht, beziehungsweise von der Politik nie ernsthaft in Erwägung gezogen. Um ein globales Desaster zu verhindern, ist es jedoch unbedingt nötig, sie zügig zu testen und dann so lange anzuwenden, bis die Konzentration der Treibhausgase wieder auf ein angemessenes Maß zurückgegangen ist!

Besonders wichtig ist es, die rasch tauenden Polarregionen – die sich mindestens zwei- bis dreimal so schnell erwärmen wie der Rest des Planeten – intensiv und möglichst zeitnah zu kühlen, da deren Eismassen sonst unwiederbringlich schmelzen und den Meeresspiegel steigen lassen: #coolthearcticnow!

Quelle: frei übersetzt nach www.climatestabilityprogram.net

Anmerkungen

1 zu Deutsch Kippelemente, sind Bestandteile des Klimasystems, die ein Schwellenverhalten aufweisen. Das bedeutet, dass in Bezug auf diese Elemente schon kleine Veränderungen ausreichen, um global einen unumkehrbaren, sich selbst verstärkenden Klimawandel auszulösen. Klassische Kippelemente sind z. B. arktisches Meereis, Permafrostböden, grönländisches Inlandeis oder die tropischen Regenwälder.

2 Das Einbringen von Partikeln in die Stratosphäre ist unter Wissenschaftlern umstritten, da eine plötzliche rapide Abkühlung dramatische negative Auswirkungen mit sich bringen könnte. Zudem würde die Temperatur rasch wieder ansteigen, sobald keine weiteren Partikel mehr in die Stratosphäre gebracht werden, zumindest dann, wenn die Treibhausgaskonzentration noch immer hoch ist. Der Vorschlag, die Arktis zu kühlen, ist wissenschaftlich noch nicht erforscht. Ob er zielführend ist, kann also nicht mit Sicherheit gesagt werden.

Lösungsvorschlag

Die Aufgabenstellung gliedert sich in drei Teilaufgaben, womit auch die Grobgliederung des Referats vorgegeben ist. Die einzelnen Teilaufgaben bauen aufeinander auf und sollten deshalb mithilfe von **Überleitungen** zueinander in Bezug gesetzt werden.

Für die Bearbeitung der ersten Teilaufgabe müssen Sie zunächst die **Materialien 1–3 auswerten** und anhand der Ergebnisse schließlich begründet darlegen, ob das 1,5 °C-Ziel nur durch eine Reduktion der Emissionen zu erreichen ist. Aufgrund der Fülle an Materialien, die diesem Kolloquium beigefügt ist, wird von Ihnen nicht verlangt, eine detaillierte und vollständige Auswertung jedes Materials vorzunehmen. Verschaffen Sie sich jeweils einen **Überblick** und greifen Sie dann die **wichtigsten Aussagen** heraus. Bei Material 2 ist es beispielsweise ausreichend, wenn Sie auf die Werte der großen Industrienationen eingehen. Bei der Auswertung von Material 3 müssen Sie zunächst berechnen, wie viele Jahre ein Elektroauto gefahren werden muss, bis es sich positiv auf die CO_2-Bilanz auswirkt. Erst dann können Sie eine Aussage hinsichtlich der Einsparung von Emissionen durch Elektroautos treffen. Grundsätzlich sollten Sie sich immer auch die **Anmerkungen zu den Materialien** gründlich durchlesen und sie gegebenenfalls in Ihren Vortrag einbeziehen.

Mit dem Operator „Stellung nehmen" wird von Ihnen verlangt, den Forderungen der Schülergruppe unter **Angabe von Gründen** (eigenes Wissen, M 1–4) **zuzustimmen** oder Sie **abzulehnen**. Arbeiten Sie dazu zunächst die wichtigsten Forderungen aus M 4 heraus und nehmen Sie in Ihrer Stellungnahme auch Bezug auf die Aussagen aus Anmerkung 2. In der hier vorliegenden Musterlösung wird die Position vertreten, dass die Forderungen der Schülergruppe gerechtfertigt sind. Genauso gut können Sie eine andere Meinung vertreten, solange Sie diese begründet darlegen.

Da bei der dritten Teilaufgabe keine Materialien beigefügt sind, müssen Sie sich auf Ihr in **Unterricht und Vorbereitung erworbenes Wissen** stützen, um zu erläutern, warum ein stabiles Klima vor allem für die Arktis wichtig ist. Dazu sollen Sie mindestens **einen** Rückkoppelungsmechanismus genau beschreiben und dessen **Auswirkungen auf das globale Klima** erläutern. Sie dürfen gerne Skizzen zur Veranschaulichung erstellen. Im hier vorliegenden Musterreferat werden drei Rückkoppelungsmechanismen erklärt. Für Ihren Vortrag ist das nicht zwingend erforderlich.

Einstieg:
- globaler Klimawandel als eine der größten Herausforderungen des 21. Jahrhunderts
- Vorstellen des 1,5 °C-Ziels

Hauptteil:
Überprüfen, ob das 1,5 °C-Ziel allein durch die Reduktion von Treibhausgasemissionen zu erreichen ist
- Auswertung Materialien:
  - seit 1960 keine Senkung der CO_2-Emissionen (vgl. M 1)
  - Erderwärmung von 5,1 °C, wenn alle Länder so viele Emissionen ausstoßen würden, wie China und Russland es im Parisabkommen versprochen haben (vgl. M 2)
  - Industrienationen haben enormen Anteil an den Gesamtemissionen
  - Elektromobilität als große Hoffnung für Emissionsreduktion im Straßenverkehr
  - aber: Elektromobilität bei derzeitigem Strommix aus ökologischer Sicht noch nicht sinnvoll (vgl. M 3)
- Ergebnis:
  - nur durch Emissionsreduktion ist das Erreichen des 1,5 °C-Ziels unwahrscheinlich
  - es wurde zu lange gewartet, Versprechen aus dem Parisabkommen reichen nicht aus und emissionsärmere Technologien sind noch nicht effektiv genug

Stellungnahme zu den Forderungen der Schülergruppe #coolthearcticnow
- eigene Position: zusätzliche Maßnahmen zur Eindämmung der Erderwärmung sind notwendig; Forderung der Schülergruppe nach einem Klimastabilitätsprogramm ist angemessen
- viele Wetterphänomene sind bereits jetzt extrem (z. B. Dürren, Hitzewellen) → prognostizierte Entwicklungen sind daher wahrscheinlich
- mögliche Maßnahmen, um Erderwärmung zu reduzieren (laut #coolthearcticnow): Entnahme von CO_2 aus der Atmosphäre (negative Emissionen) und Einsatz von Technologien zum Kühlen der Erde
- Nachteile (vgl. M 4, Anm. 2): Maßnahmen zur Kühlung der Erde sind noch nicht erforscht und könnten gravierende negative Auswirkungen haben
- aber: Schutz des Planeten sollte oberste Priorität haben; Methoden zum Kühlen der Erde müssen daher zumindest erforscht werden

Stellenwert eines stabilen Klimas in der Arktis unter Berücksichtigung der Gefahren von sich selbst verstärkenden Rückkopplungsmechanismen
- sich selbst verstärkende Rückkopplungsmechanismen in der Arktis als Gefahr für das Weltklima → Klima in der Arktis muss daher stabilisiert werden
- Beispiele:
  - **arktisches Meereis:** hohe Albedo (reflektiert ca. 90 % der Sonneneinstrahlung); Erwärmung führt zum Abschmelzen des Eises → Vergrößerung der Meeresfläche; dunkles Meerwasser absorbiert ca. 80–90 % der Einstrahlung, anstatt sie

zu reflektieren; dadurch kommt es zu einer weiteren Erwärmung und zum weiteren Abschmelzen des Meereises

- **Permafrostböden:** tauen infolge des Klimawandels langsam auf; große Mengen an Kohlenstoff sind darin gespeichert → werden beim Auftauen als Treibhausgase (CO_2, Methan) freigesetzt → Erde erwärmt sich weiter → fortschreitendes Auftauen der Permafrostböden
- **grönländisches Inlandeis:** Eis schmilzt durch die Erderwärmung ab; Schmelzwasser erleichtert das Abrutschen des Eises in niedrigere Höhenlagen; in niedrigeren Höhenlagen herrschen höhere Temperaturen, was wiederum zum schnelleren Abschmelzen führt

Schluss:

- Stoppen des Klimawandels durch Reduktion von Emissionen wurde verpasst
- alle Möglichkeiten, um die Erderwärmung zu stoppen, müssen deshalb ausgelotet werden

---

Kurzreferat

Der durch den Menschen verursachte Klimawandel stellt die Weltgemeinschaft im 21. Jahrhundert vor eine der größten Herausforderungen der Geschichte. Seit Jahrzehnten verlangen Forscher eine **Reduktion der Treibhausgasemissionen**, um drastische Auswirkungen auf unseren Planeten zu verhindern. Nach Einschätzung der Wissenschaftler des internationalen Klimarates (IPCC) sollte der **Temperaturanstieg nicht über 1,5 °C** im Vergleich zur vorindustriellen Zeit hinausgehen, da jenseits dieser Grenze die Anpassungsfähigkeit natürlicher und menschlicher Systeme nicht mehr gewährleistet werden kann.

Einstieg
Klimawandel als Herausforderung

1,5 °C-Ziel

Auf der Grundlage dieser Vorgabe stellt sich unweigerlich die Frage, wie dieses vom Klimarat ausgewiesene 1,5°C-Ziel erreicht werden kann bzw. ob eine **Reduktion der CO_2-Emissionen ausreicht**, um das Ziel zu erfüllen. Wie M 1 zeigt, hat es die Menschheit seit 1960 nicht geschafft, die CO_2-Emissionen zu senken. Ganz im Gegenteil. Nach einigen Jahren der Stagnation erreichen die Werte 2018 wieder einen neuen Höchststand. Besonders problematisch ist das auch deshalb, weil CO_2 im Durchschnitt 150 Jahre in der Atmosphäre bleibt. Das heißt, dass Emissionen aus dem Jahr 2020 noch im Jahr 2170 klimawirksam sein werden. Aus M 2 kann man zudem schließen, dass es am politischen Willen mangelt, sogar das weniger drastische 2 °C-Ziel des Parisabkommens zu erreichen. Wie die Karte zeigt, würde die Welt auf eine Erderwärmung von 5,1 °C zusteuern, wenn alle Länder der Erde so viele Treibhausgase ausstoßen würden, wie z. B. China oder Russland es im Parisabkommen versprochen

Hauptteil
1,5 °C-Ziel durch Emissionsreduktion erreichbar?

seit 1960 keine Senkung der CO_2-Emissionen

Versprechen aus Parisabkommen nicht ausreichend

haben. Die Auswertung der Materialien 1 und 2 lässt bereits darauf schließen, dass eine Beschränkung der globalen Erwärmung auf **1,5 °C allein durch eine Reduktion der Treibhausgasemissionen nur schwer erreichbar** sein wird. Ergänzt wird diese Einschätzung durch die Berechnungen des ADAC. Dieser weist darauf hin, dass eine der hochgehandelten Technologien zur Emissionsreduktion – nämlich das Ersetzen von Fahrzeugen mit Verbrennungsmotor durch Elektromobilität – bei Benzin-Wagen der oberen Mittelklasse und dem aktuellen Strommix erst nach neun Jahren zu einer CO_2-Einsparung führt. Da der durchschnittliche deutsche Fahrer sich alle sieben Jahre ein neues Auto kauft, erscheint die Elektromobilität aus klimapolitischer Sicht aktuell noch nicht wirklich sinnvoll, zumindest solange der Strom nicht überwiegend aus regenerativen Quellen stammt. Da es aber noch einige Jahre dauern wird, bis dies der Fall ist (aktuell ist der Ausstieg aus der Kohleverstromung erst für das Jahr 2038 geplant), erscheint eine schnelle Reduktion der Treibhausgase im Verkehrssektor als unwahrscheinlich. Insgesamt fehlen, so scheint es, sowohl der politische Wille, die Treibhausgasemissionen umgehend und in großem Maße zu reduzieren, als auch die technischen Möglichkeiten zur Umsetzung. Aus diesen Gründen ist nach aktuellem Stand nicht davon auszugehen, dass das 1,5 °C-Ziel allein durch das Reduzieren von Treibhausgasemissionen erreicht werden kann.

CO_2-Einsparung durch Elektroautos erst nach neun Jahren

1,5 °C-Ziel durch Emissionsreduktion vermutlich nicht erfüllbar

Meiner Meinung nach besteht daher die Notwendigkeit, neben der Reduktion des Ausstoßes von Treibhausgasen auch andere Maßnahmen zur Eindämmung der fortschreitenden Erderwärmung zu erforschen. Auch die Umweltgruppe #coolthearcticnow stellt entsprechende Forderungen und verlangt zu diesem Zweck die **Entwicklung eines globalen Klimastabilitätsprogramms**. Da viele der laut der Umweltgruppe zu befürchtenden Phänomene wie extreme Hitzewellen, Dürren und andere Extremwetterereignisse bereits heute auftreten, muss man davon ausgehen, dass sich diese Entwicklungen bei steigenden Temperaturen noch deutlich verstärken werden und katastrophale Ausmaße annehmen können. Dies gilt insbesondere, wenn – wie am Beispiel der Arktis noch erläutert wird – durch das Überschreiten von *Tipping Points* die Erwärmung des Erdklimas unumkehrbar fortschreitet. Die Gruppe #coolthearcticnow fordert deshalb zusätzlich zu Maßnahmen zur Emissionsreduktion den Einsatz von **Methoden zur Entnahme von bereits in der Atmosphäre vorhandenem CO_2**. Zudem fordert sie Maßnahmen, mit denen die Erde durch eine **Veränderung der Strahlungsbilanz** gezielt gekühlt wird. Diese sollen laut der Gruppe so lange eingesetzt werden, bis die Treibhausgaskonzentration wieder auf ein das Klima nicht gefährdendes Maß zurückgegangen ist. Dies könnte z. B. geschehen,

Stellungnahme
Position: zusätzliche Maßnahmen zur Eindämmung der Erderwärmung notwendig

voraussichtliche Verschärfung extremer Wetterereignisse

Forderungen: Entnahme von CO_2 aus der Atmosphäre

Maßnahmen zur Kühlung der Erde

indem ein größerer Teil der einfallenden Sonnenstrahlung in der Stratosphäre oder an der Erdoberfläche reflektiert anstatt absorbiert wird – indem die **Gesamtalbedo der Erde also künstlich erhöht** wird. Allerdings muss bei dieser Forderung berücksichtigt werden, dass derartige Maßnahmen gravierende **negative Auswirkungen** haben könnten. Hinzu kommt, dass sie noch nicht erforscht sind, und der Erfolg der Maßnahmen daher ungewiss ist. Umso wichtiger ist es meiner Meinung nach, alle im Raum stehenden Methoden zur Reduzierung der Erderwärmung zumindest – wie von der Schülergruppe #coolthearcticnow gefordert – zu erforschen und zu testen. Sollten die Tests ergeben, dass es bei moderater Anwendung kaum negative Auswirkungen gäbe, wäre es unbedingt angebracht, mit ihrer Hilfe das 1,5 °C-Ziel einzuhalten, da ein Überschreiten dieser Marke dramatische Auswirkungen auf unsere Erde hätte.

aber: Maßnahmen sind noch nicht erforscht

Erforschung der Maßnahmen muss erfolgen

Vor allem ein stabiles Klima in der **Arktis** ist enorm wichtig, wenn verhindert werden soll, dass die Erde dauerhaft in eine Warmzeit katapultiert wird. Das liegt daran, dass die Arktis aufgrund von sich selbst verstärkenden Rückkopplungsmechanismen einen **großen Einfluss auf die Entwicklung der Erderwärmung** hat. Um zu verstehen, wieso diese Rückkopplungsmechanismen in der Arktis so gefährlich für die Stabilität des Klimas sind, erläutere ich nun ihre Wirkungsweise.

Stellenwert eines stabilen Klimas in der Arktis

großer Einfluss durch Rückkopplungsmechanismen

Ein Beispiel, anhand dessen das Grundprinzip gut veranschaulicht werden kann, ist das **Abschmelzen des arktischen Meereises**. Arktisches Meereis weist eine hohe Albedo auf, reflektiert also einen Großteil (rund 90 %) der einfallenden Sonnenstrahlung zurück Richtung Weltall, ohne dass eine Erwärmung der Erdoberfläche stattfindet. Grundsätzlich gilt: Je größer die von Meereis bedeckte Fläche ist, umso kühler ist die Erde. Durch die vom Menschen verursachte globale Erwärmung schmilzt jedoch immer mehr Meereis und wird zu Wasser. Da Wasser wesentlich dunkler ist als Eis und dadurch eine viel geringere Albedo hat, absorbiert es den größten Teil der einfallenden Strahlung und erwärmt sich dabei. Je mehr sich jedoch das Meer erwärmt, umso mehr Meereis schmilzt wiederum, wodurch eine noch größere Fläche von Wasser bedeckt ist, was zu einer weiteren Erwärmung und einem weiteren Abschmelzen von Eis führt, bis letztlich im Sommer kein Meereis mehr vorhanden ist.

arktisches Meereis

Auch das allmähliche **Auftauen von Permafrostböden** ist ein Beispiel für einen sich selbst verstärkenden Rückkopplungsmechanismus. Permafrostböden, die einen großen Teil der Gebiete nördlich des 60. Breitengrades bedecken, speichern große Mengen an Kohlenstoff, die beim Auftauen des Bodens in CO_2 bzw. das noch stärkere Treibhausgas Methan umgewandelt werden. Da diese Gase wiederum zu einer Erwärmung der Erde beitragen, folgt daraus ein noch schnelleres Auftauen des Permafrostbodens unter noch mehr

Permafrostböden

Kohlenstofffreisetzung und einer daraus resultierenden weiteren Erwärmung. Außerdem kommt es durch das Trockenfallen großer Bereiche des Permafrostbodens zu vermehrten Bränden, durch die ebenfalls CO_2 freigesetzt wird. Mit dem Auftauen der Permafrostböden geht auch eine Veränderung der Vegetation einher. Auf vormaligen Graslandschaften (Tundra) wachsen zunehmend Bäume und Sträucher. Die veränderte Vegetation zieht eine reduzierte Albedo nach sich und infolgedessen eine weitere Erwärmung. Als Endresultat kann es zu einem vollständigen Auftauen des Permafrostbodens kommen.

Die **Abschmelzvorgänge des grönländischen Inlandeises** werden ebenfalls durch den menschengemachten Klimawandel verstärkt. Da das Schmelzwasser zwischen Eis und Boden eine Gleitschicht bildet, rutschen die Gletscher schneller in Richtung Meer und damit in eine niedrigere, also wärmere, Höhenlage ab. Das führt wiederum dazu, dass das verbleibende Eis aufgrund der dort vorherrschenden wärmeren Temperaturen schneller schmilzt. Auch mit der Abnahme der Mächtigkeit des Eises geht eine Verlagerung in eine niedrigere Höhenlage einher. Die daraus resultierende Zunahme der Abschmelzrate führt zu noch mehr Schmelzwasser und dadurch zu einem noch schnelleren Abgleiten und Schmelzen des Eises. Bereiche, die nicht mehr von Eis bedeckt sind, weisen eine niedrigere Albedo auf, wodurch die Temperaturen in der Umgebung steigen. Wird der sogenannte Kipppunkt überschritten, was laut mancher Forscher bereits Ende des 20. Jahrhunderts geschah, wird das ganze Eis im Laufe der nächsten Jahrhunderte unweigerlich und unwiederbringlich abschmelzen. Das allein würde zu einem Meeresspiegelanstieg von ca. sieben Metern führen.

Zusammenfassend lässt sich sagen, dass die Menschheit es in den letzten Jahrzehnten verpasst hat, den Klimawandel allein durch eine Reduktion der Treibhausgasemissionen zu stoppen, und inzwischen mit sehr gravierenden Folgen wie dem Kollaps ganzer Ökosysteme zu rechnen ist. Allein die Arktis kann uns aufgrund ihrer sich selbst verstärkenden Rückkopplungsmechanismen, so sie denn nicht stabilisiert werden, auch ohne weiteres Zutun der Menschheit in eine Warmzeit katapultieren. Es gilt daher, den **Klimawandel ernst zu nehmen** und alle **Möglichkeiten auszuloten**, mit denen einer zunehmenden Erderwärmung entgegengewirkt werden kann.

grönländisches Inlandeis

Schluss
Reduktion von Emissionen wurde verpasst
Gefahr: Kollaps ganzer Ökosysteme

1 *Analysieren Sie, inwiefern Aufforstungsmaßnahmen bzw. Wälder allgemein einen sinnvollen Beitrag zur Reduktion der CO_2-Konzentration in der Atmosphäre erbringen können.*

- Bäume binden CO_2 aus der Luft; es wird im Holz gespeichert; dadurch leisten sie einen Beitrag zur CO_2-Reduktion.
- wird Holz als Bauholz für Häuser, Möbel o. Ä. verwendet, bleibt das CO_2 über die gesamte Lebensdauer des Produkts im Holz gespeichert

Aber:
- Platzbedarf für zusätzliche Anpflanzungen von Bäumen zur Reduktion der CO_2-Konzentration wäre enorm
- beim Verheizen von Holz entweicht das CO_2 wieder in die Atmosphäre
- rasche Verschiebung der Klimazonen überfordert die Anpassungsfähigkeit von Wäldern; Bäume sterben ab oder verbrennen; Kanadas Wälder geben laut kanadischer Regierungsangaben inzwischen pro Jahr mehr CO_2 ab als sie aufnehmen
- ein Baum braucht Jahrzehnte, um CO_2 einzulagern; verbrennt er, wird das CO_2 innerhalb weniger Minuten wieder freigesetzt

2 *Klimatologen prognostizieren bis zum Ende dieses Jahrhunderts eine Verlagerung der mediterranen Klimazone bis nach Hamburg. Erläutern Sie mögliche Auswirkungen, die sich daraus für Deutschland ergeben könnten.*

- Grundproblem: mediterranes Klima geht mit starker sommerlicher Hitze bei gleichzeitig fehlendem Sommerregen einher
- negativer Einfluss auf die Landwirtschaft und erhebliche Ernteausfälle
- Ökosysteme können sich nicht rasch genug an das sich verändernde Klima anpassen
- verstärkte Waldbrände, bei denen viel CO_2 in die Atmosphäre gelangt
- Hitze als Belastung und Gesundheitsrisiko, v. a. für ältere Menschen
- neue tropische Krankheitserreger können sich aufgrund der erhöhten Temperatur ausbreiten
- Tourismusbranche kann im Sommer mit einem stabileren, wärmeren Klima die Umsätze steigern, der Wintertourismus in den Bergen wird allerdings nicht mehr existieren

Lehrplanbereich	Eine Welt – Strukturen, Entwicklungswege, Verflechtungen, Globalisierung (Kurshalbjahr 12/1)
Thema des Referats	Bevölkerungsentwicklung am Beispiel Niger

Aufgabenstellung

1 Beschreiben Sie die in Material 1 ersichtliche Entwicklung der Weltbevölkerung. Erklären Sie, von welchen Faktoren ihr weiterer Verlauf abhängt und warum dieser so schwer zu prognostizieren ist.

2 Erläutern Sie sowohl den Bevölkerungsaufbau als auch die Bevölkerungsentwicklung im Niger und gehen Sie auf die Folgen ein, die sich daraus ergeben.

3 Erörtern Sie die Übertragbarkeit der staatlich verordneten Ein-Kind-Politik Chinas auf afrikanische Staaten wie den Niger.

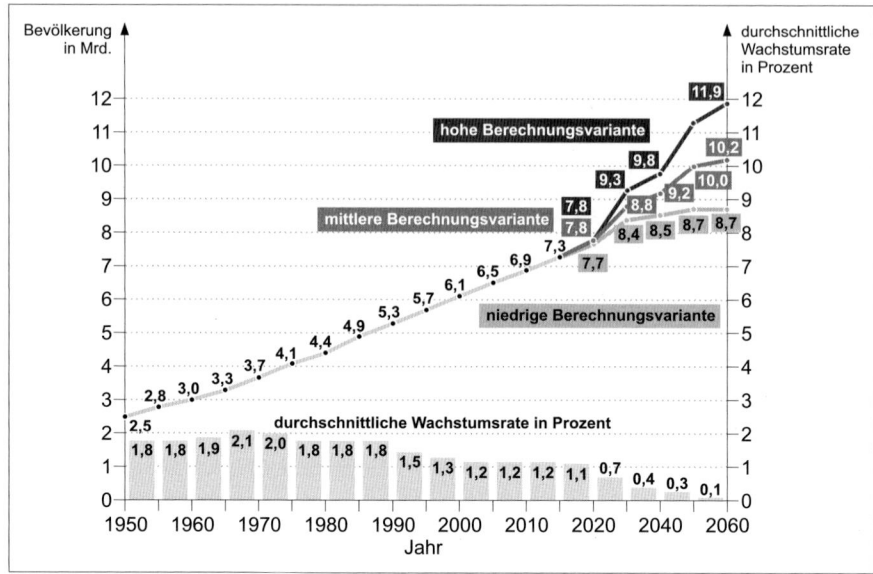

Quelle: UN – DESA, Population Division (2015): World Population Prospects: The 2015 Revision, cc by-nc-nd/3.0/de/

Anmerkung: Bis 2100 ergäbe sich bei einem Fortschreiben der Trends aus der Grafik für die mittlere Variante eine Zahl von 11,2 Milliarden Menschen, für die höhere eine Zahl von 16,6 Milliarden. Bei der mittleren Berechnungsvariante wird von einer leicht sinkenden Geburtenrate ausgegangen (bis 2100 nur noch 2 Kinder pro Frau anstatt der heutigen 2,5). Die niedrige Berechnungsvariante geht von 0,5 Kindern weniger pro Frau aus, die höhere von 0,5 Kindern mehr.

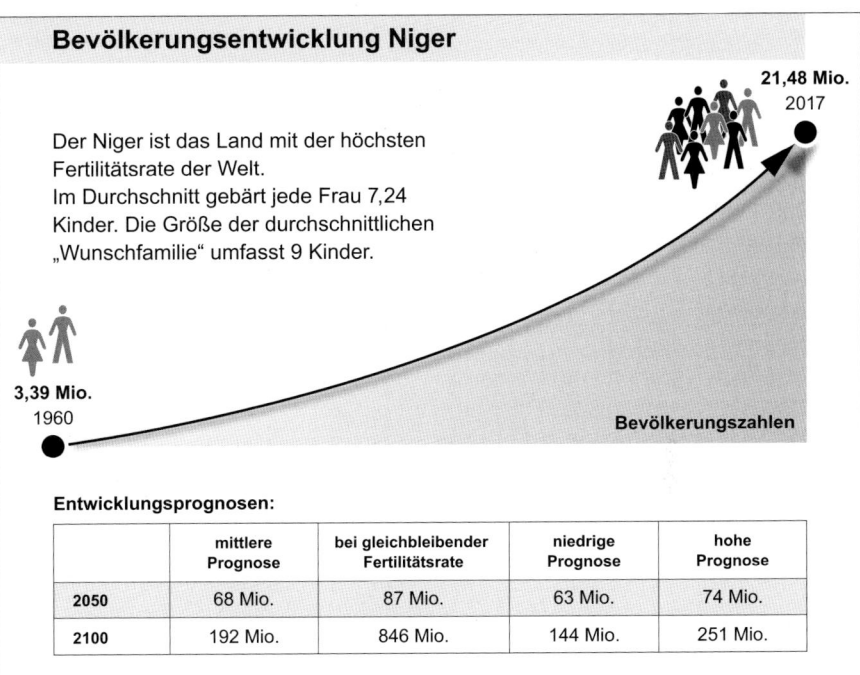

Bevölkerungsentwicklung Niger

21,48 Mio.
2017

Der Niger ist das Land mit der höchsten
Fertilitätsrate der Welt.
Im Durchschnitt gebärt jede Frau 7,24
Kinder. Die Größe der durchschnittlichen
„Wunschfamilie" umfasst 9 Kinder.

3,39 Mio.
1960

Bevölkerungszahlen

Entwicklungsprognosen:

	mittlere Prognose	bei gleichbleibender Fertilitätsrate	niedrige Prognose	hohe Prognose
2050	68 Mio.	87 Mio.	63 Mio.	74 Mio.
2100	192 Mio.	846 Mio.	144 Mio.	251 Mio.

Quelle: eigene Darstellung nach Factfish (UN Data)

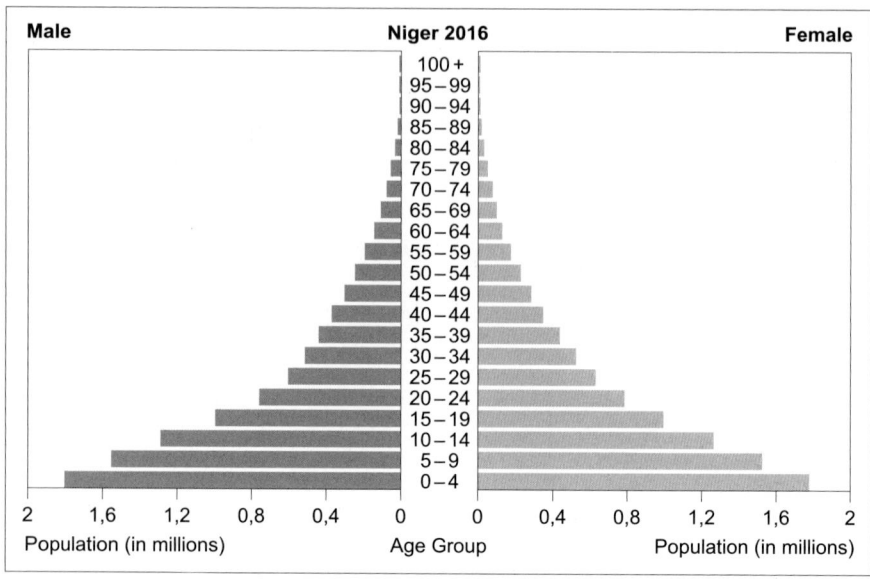

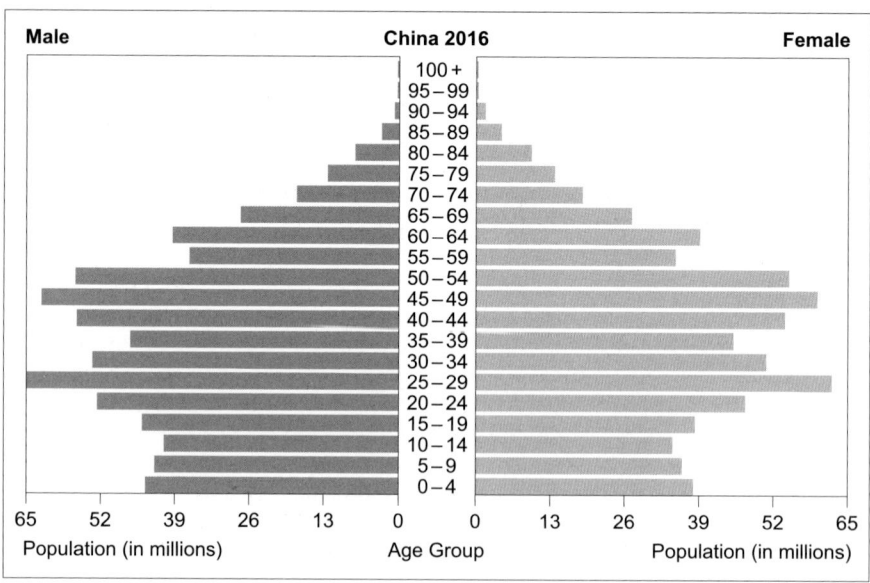

Quelle: CIA World Factbook

48

Lösungsvorschlag

Die Aufgabenstellung gliedert sich in **drei Teilaufgaben**, womit auch die Grobgliederung des Referats vorgegeben ist. Die einzelnen Teilaufgaben bauen aufeinander auf und sollten deshalb mithilfe von Überleitungen zueinander in Bezug gesetzt werden. Jede Teilaufgabe sollte im Referat nicht unter zwei, aber auch nicht mehr als vier Minuten umfassen. Die Gewichtung kann natürlich auch durch den eigenen Kenntnisstand beeinflusst werden. Allerdings muss gewährleistet sein, dass alle gefragten Aspekte ausreichend thematisiert werden.

Teilaufgabe 1: Der erste Operator „beschreiben" in der Einstiegsaufgabe bedeutet, dass Sie die wesentlichen Informationen zur Bevölkerungsentwicklung aus Material 1 zusammenhängend und schlüssig wiedergeben müssen. Achten Sie dabei darauf, sowohl auf die **absoluten Zahlen** als auch auf die im Diagramm abgebildete **Wachstumsrate** einzugehen. Thematisieren Sie auch die verschiedenen Varianten der Entwicklung der Weltbevölkerung bis 2060. Sie können bei Ihrer Präsentation das Diagramm zur Veranschaulichung verwenden. Scheuen Sie sich nicht davor, mit dem Finger auf die Inhalte zu deuten, die Sie gerade beschreiben. Der zweite Operator „erklären" fordert von Ihnen, dass Sie die Faktoren, die für den **weiteren Verlauf der Bevölkerungsentwicklung** verantwortlich sind, unter Einbezug Ihres eigenen Wissens darstellen.

Teilaufgabe 2: Mit dem Operator „erläutern" wird von Ihnen verlangt, dass Sie Zusammenhänge und Inhalte auf der Basis der vorhandenen Materialien – aber auch im Rückgriff auf eigenes Fachwissen – analysieren und verdeutlichen. Den **Bevölkerungsaufbau** und die **Bevölkerungsentwicklung** des Nigers können Sie mithilfe der in Material 2 und 3 enthaltenen Daten analysieren. Zur Erläuterung der **Folgen der Bevölkerungsentwicklung im Niger** müssen Sie auf Ihr Fachwissen zurückgreifen. Gehen Sie dabei auch kurz auf die naturräumlichen Besonderheiten des Landes ein und sichten Sie dazu ggf. geeignete Atlaskarten.

Teilaufgabe 3: In der dritten Teilaufgabe wird eine Erörterung von Ihnen gefordert. Sie sollen durch das **Abwägen von Für- und Wider-Argumenten** beurteilen, ob die Ein-Kind-Politik Chinas auf afrikanische Staaten wie den Niger übertragbar ist oder nicht. Es bietet sich hier an, zunächst in wenigen Sätzen die Grundzüge der **chinesischen Ein-Kind-Politik** darzulegen. Verwenden Sie auch die beiden Grafiken zum Bevölkerungsaufbau im Niger und in China (M 3), um den Erfolg der chinesischen Bevölkerungspolitik zu verdeutlichen. Es ist nicht erforderlich, dass Sie die Materialien bis ins letzte Detail analysieren. Es kommt vielmehr darauf an, die für Ihre Argumentation **relevanten Informationen** daraus abzuleiten. Abschließend müssen Sie unbedingt ein **Fazit ziehen**, indem Sie sich für eine Seite entscheiden und Ihre eigene Einschätzung zu der Fragestellung zusammenfassen.

Themenspezifische Atlaskarten

- Diercke Weltatlas, S. 132/133: Afrika (Klima, Landwirtschaft)
- Diercke Weltatlas, S. 252: Erde (Bevölkerung) – Bevölkerungswachstum (Karte 3)
- Haack Weltatlas, S. 168: Afrika (Passat, Sahel und Desertifikation, Landwirtschaft) – Sahelzone (Karte 3)
- Haack Weltatlas, S. 236: Erde (Entwicklungsstand, Migration) – Gesundheit (Karte 4), Bildung (Karte 5)

Gliederung des Kurzreferats

Einstieg:
Vervielfachung der Weltbevölkerung seit dem Industriezeitalter

Hauptteil:
Entwicklung der Weltbevölkerung; Einflussfaktoren und Prognosen für den weiteren Verlauf

- seit 1950 kontinuierlich steigende Bevölkerungszahlen: Zuwachs um fast das Dreifache bis 2015
- Tendenz weiter steigend, wobei die Vorhersagegenauigkeit nur sehr gering ist
- maximale Wachstumsrate wurde in der zweiten Hälfte der 1960er-Jahre erreicht
- seitdem insgesamt sinkende Wachstumsrate; absolute Bevölkerungszahlen jedoch trotz sinkender Wachstumsrate steigend
- Berechnung der Wachstumsrate aus Geburtenrate und Sterberate
- Einflussfaktoren auf die Bevölkerungsentwicklung:
  - Bevölkerungszunahme z. B. durch medizinischen Fortschritt, bessere gesundheitliche Versorgung → längere Lebenserwartung
  - Bevölkerungsabnahme z. B. durch Krankheitsepidemien, Übergewicht, Hungersnöte, steigendes Bildungsniveau
- Entwicklung der einzelnen Faktoren und ihr Zusammenspiel ist langfristig nicht prognostizierbar → alle Prognosen sind daher als sehr vage einzuschätzen

Bevölkerungsaufbau und -entwicklung im Niger und Folgen, die sich daraus ergeben

- höchste Fertilitätsrate der Welt (7,24 Kinder pro Frau) führt im Niger zu extremem Bevölkerungsanstieg
- Bevölkerungspyramide des Nigers zeigt die für Entwicklungsländer typische Pagodenform: konstant hohe Geburtenrate bei einer geringen Lebenserwartung und einer früh einsetzenden, hohen Sterberate
- Prognose: weiteres starkes Bevölkerungswachstum bis 2050

50

- Folgen des starken Bevölkerungswachstums:
  - Mangel an Ressourcen (Nahrungsmittel, Wasser, landwirtschaftlich nutzbares Land etc.), Ausbildungs- und Arbeitsplätzen
  - Überlastung der Infrastruktur (z. B. medizinische Versorgung, Transport, Strom)
  - Übernutzung und Zerstörung der naturräumlichen Ressourcen (Folge: Desertifikation)
- im Endresultat ergeben sich daraus Hungersnöte, Konflikte und Kriege um Ressourcen und Migrationsbewegungen

Übertragbarkeit der chinesischen Ein-Kind-Politik auf afrikanische Staaten wie den Niger

- **Ein-Kind-Politik in China:**
  - 1979 Einführung der Ein-Kind-Politik in China, um einen weiteren starken Anstieg der Bevölkerung zu verhindern
  - „Erfolg" der Ein-Kind-Politik: Bevölkerungspyramide Chinas zeigt deutlichen Rückgang der Bevölkerung in den letzten 25 Jahren
- **pro:** Modell ist hinsichtlich der Kontrolle des Bevölkerungswachstums vielversprechend → könnte auch im Niger funktionieren
- **kontra:**
  - starker Eingriff in die Persönlichkeitsrechte der Bürger
  - finanzielle Mittel zur Kontrolle und Durchführung der Maßnahme fehlen
  - wenig Kontrolle über die Bürger im Niger, da kaum belastbare staatliche Institutionen existieren
  - Religiosität der Bevölkerung und Stammeskultur würden die Maßnahme erschweren
- **Fazit:** Ein-Kind-Politik lässt sich nicht ohne Weiteres auf afrikanische Staaten wie den Niger übertragen; es müssen andere Maßnahmen zur Reduktion des Bevölkerungswachstums ergriffen werden (z. B. flächendeckender Zugang zu Bildung)

Schluss:
- rasches Bevölkerungswachstum ist eine der großen Herausforderungen dieses Jahrhunderts
- aber: Prognosen zur Bevölkerungsentwicklung sind sehr vage und nicht zwingend verlässlich

---

Kurzreferat

Die Weltbevölkerung ist seit Beginn des Industriezeitalters zunächst vor allem in Europa und Nordamerika aufgrund der verbesserten medizinischen Versorgung und Ernährungssituation angestiegen. Eine dramatische Zunahme mit einer **Vervielfachung der Weltbevölkerung** ergab sich allerdings erst ab der zweiten Hälfte des 20. Jahrhunderts. Seit Langem wird die Frage gestellt, wie viele Menschen die Erde maximal tragen kann. Eine genaue Antwort darauf gibt es

Einstieg

nach wie vor nicht, doch es steht fest, dass bereits die aktuellen Bevölkerungszahlen die Weltgemeinschaft vor **große Herausforderungen** stellen.

Global lässt sich eine Zunahme der Bevölkerung um fast das Dreifache seit 1950 erkennen, sodass die Weltbevölkerung 2015 bereits bei 7,3 Mrd. Menschen lag. Und die Tendenz ist weiter steigend. Die Prognosen bis 2060 weisen jedoch erhebliche Unterschiede zwischen der niedrigsten Berechnungsvariante (8,7 Mrd. Menschen bis 2060) und der höchsten (11,9 Mrd. Menschen bis 2060) auf. Dieser Unterschied von 3,2 Milliarden Menschen über einen Zeitraum von nur 45 Jahren (2015 bis 2060) entspricht immerhin fast 50 % der heute lebenden Weltbevölkerung. Die **Vorhersagegenauigkeit** ist dementsprechend als recht **gering einzuschätzen.** Fest steht allerdings, dass die Weltbevölkerung weiter wachsen wird, denn selbst die mittlere – und damit wahrscheinlichste – Berechnungsvariante geht von einem **Zuwachs von 2,9 Milliarden Menschen zwischen 2015 und 2060** aus. Betrachtet man die prozentuale Zuwachsrate, so ist zu erkennen, dass diese ihren Höhepunkt mit 2,1 % pro Jahr schon in der zweiten Hälfte der 1960er-Jahre erreicht und sich seitdem fast halbiert hat. Seit knapp 20 Jahren stagniert sie nun bei ca. 1,2 %. Laut Prognose für die mittlere Berechnungsvariante soll sie bis 2060 sogar auf 0,1 % zurückgehen. Doch die sinkende Zuwachsrate darf nicht darüber hinwegtäuschen, dass aufgrund der höheren absoluten Bevölkerungszahlen im Vergleich zu den 1960er-Jahren auch die abnehmende prozentuale Wachstumsrate für einen fortwährenden starken Bevölkerungsanstieg ausreicht.

Die **weitere Entwicklung** der Weltbevölkerung hängt von den Veränderungen bei der Geburtenrate, also der Zahl der Lebendgeborenen pro Jahr bezogen auf 1000 Einwohner, und der Sterberate, also der Zahl der Gestorbenen pro Jahr bezogen auf 1000 Einwohner, ab. Denn aus deren Differenz ergibt sich das natürliche Bevölkerungswachstum. Sowohl die Entwicklung der Geburten- als auch die der Sterberate ist jedoch **schwer zu prognostizieren**, da sie von einer **Vielzahl verschiedener Faktoren** abhängt. So kann es zum Beispiel durch die Verbesserung der gesundheitlichen Versorgung oder durch Fortschritte in der Medizin zu einer steigenden Lebenserwartung kommen, was folglich zu einer Bevölkerungszunahme führt. Genauso gut gibt es jedoch auch Faktoren, aus denen eine Bevölkerungsabnahme resultiert. Epidemien, begünstigt durch multiresistente Keime, oder auch die dramatische Zunahme starken Übergewichts in vielen Ländern der Erde können die durchschnittliche Lebenserwartung senken. Bei der Abnahme des Bevölkerungswachstums spielen auch die zunehmende Verstädterung sowie ein steigendes Bildungsniveau und eine damit einhergehende bessere Aufklärung

Hauptteil
Entwicklung der Weltbevölkerung
andauernde Zunahme der Weltbevölkerung

geringe Vorhersagegenauigkeit

steigende Bevölkerungszahlen trotz sinkender Zuwachsrate

Einflussfaktoren
Geburten- und Sterberate

Entwicklung der beiden Raten von zahlreichen Faktoren abhangig

eine große Rolle. Die Entwicklung dieser Faktoren und ihr Zusammenspiel ist jedoch kaum abschätzbar. Langfristige Prognosen bis zum Ende des Jahrhunderts unterliegen zusätzlich den **Unwägbarkeiten im Zusammenhang mit dem Klimawandel**, z. B. Hungersnöte durch extreme und lang andauernde Dürreperioden oder die Ausbreitung tropischer Infektionskrankheiten. Diese hängen wiederum zunächst von der Frage ab, wie die Menschheit auf die Herausforderung Klimawandel reagiert, und ob es gelingt, durch Anpassungsmaßnahmen, wie z. B. die Züchtung dürreresistenter Nutzpflanzen, die Nahrungsmittelversorgung von über 10 Milliarden Menschen sicherzustellen.

Während in den meisten Industrieländern ein Rückgang der Geburtenrate und eine damit einhergehende Überalterung zu verzeichnen ist, ist das Bevölkerungswachstum in Entwicklungsländern nach wie vor sehr groß. Ein Land, an dem exemplarisch der Bevölkerungsaufbau und die Bevölkerungsentwicklung von Entwicklungsländern analysiert werden kann, ist der Niger. Die **extrem hohe Fertilitätsrate** von durchschnittlich 7,24 Kindern pro Frau führt im Niger zu einem **enormen Bevölkerungswachstum**. Zwischen 1960 und 2017 ist die Bevölkerung um mehr als das Sechsfache gewachsen. Wie Material 2 zeigt, ist die Bevölkerungszusammensetzung des afrikanischen Landes geprägt von enorm **vielen jungen Menschen** bei **kaum vorhandenen älteren Jahrgängen**. Eine derartige, für sehr rückständige Entwicklungsländer typische Bevölkerungsstruktur nennt man Pagodenform. Sie entsteht durch eine konstant hohe Geburtenrate bei einer geringen Lebenserwartung und einer früh einsetzenden, hohen Sterberate. Da im Niger große Familien aus kulturellen und religiösen Gründen präferiert werden und das Bildungsniveau relativ gering ist, kann man davon ausgehen, dass das **Bevölkerungswachstum auch in den kommenden Jahren nicht gebremst** werden wird. Darauf deuten auch die Prognosen hin. Selbst wenn von der niedrigsten Berechnungsvariante ausgegangen wird, ist zu erwarten, dass im Niger im Jahr 2050 bereits 63 Mio. Menschen leben werden – fast dreimal so viele wie im Jahr 2017. Allerdings besitzt jedes Land nur eine bestimmte Tragfähigkeit, also eine Maximalzahl an Menschen, die es ernähren kann. Diese ist im Niger, auch aufgrund seiner Lage in der sehr dürregefährdeten Sahelzone, ohnehin eher niedrig. Wird die Tragfähigkeit überschritten, führt das zu einem **Mangel an Ressourcen** wie Nahrungsmitteln, sauberem Wasser und fruchtbarem Land. Außerdem **fehlen Ausbildungs- bzw. Arbeitsplätze** und es kommt zu einer **Überlastung der Infrastruktur**. Dazu gehören ein unzureichendes Gesundheitssystem, fehlende Transportmittel, fehlende Stromversorgung und Ähn-

Bevölkerungsaufbau und -entwicklung im Niger

1960–2017: Wachstum um das Sechsfache

Pagodenform: hohe Geburtenrate, hohe Sterberate

Prognose: weiteres starkes Bevölkerungswachstum

Folgen: Überschreiten der Tragfähigkeit

Mangel an Ressourcen

Überlastung der Infrastruktur

liches mehr. Letztlich führt die Überbevölkerung zu einer Übernutzung der naturräumlichen Ressourcen und – auf lange Sicht gesehen – zu deren Zerstörung. Im Bereich der Sahelzone vor allem mit dem Resultat einer **fortschreitenden Desertifikation** aufgrund der Zerstörung der natürlichen Vegetation durch Abholzung und Überweidung und aufgrund eines absinkenden Grundwasserspiegels. Letztlich können sich daraus **Hungersnöte, Konflikte und Kriege** um Ressourcen und **Migrationsbewegungen** bis hin zum kompletten Kollaps eines Landes (*Failed State*) ergeben. Der Niger ist bereits nahe an der Grenze zu einem solchen *Failed State* und in den immer wiederkehrenden Dürrejahren von ausländischen Nahrungsmittelhilfen abhängig. Bewaffnete Konflikte um Ressourcen sind in vielen Ländern der Sahelzone bereits heute alltäglich.

Zerstörung der Natur und Fortschreiten der Desertifikation

Hungersnöte, Konflikte, Kriege

Um derartige Folgen zu verhindern, wird immer wieder die Frage nach staatlichen Eingriffen zur **Kontrolle des Bevölkerungswachstums** gestellt. Ein Beispiel dafür ist die 1979 in China eingeführte Ein-Kind-Politik, die dem Zweck diente, einen weiteren dramatischen Bevölkerungsanstieg in China zu verhindern. In China wurde diese Politik mit allen Mitteln durchgesetzt, indem jedwedes Fehlverhalten sanktioniert wurde. So ist man auch vor hohen Geldstrafen oder drakonischen Maßnahmen bis hin zu erzwungenen Abtreibungen nicht zurückgeschreckt.

Erörterung der Übertragbarkeit der Ein-Kind-Politik Chinas

Grundzüge der Ein-Kind-Politik

Heute weist **China** nur noch eine sehr geringe Bevölkerungswachstumsrate auf und die Fertilitätsrate ist deutlich unter 2,1 gesunken, woraus sich langfristig ein Bevölkerungsrückgang ergibt. Der Erfolg der Ein-Kind-Politik zeigt sich auch in der grafischen Darstellung der Altersstruktur des Landes. Während im Niger jeder neue Jahrgang immer geburtenstärker wird, lässt sich in China seit 25 Jahren ein **dauerhafter Rückgang** erkennen. Hinsichtlich der Kontrolle des Bevölkerungswachstums ist das chinesische Modell also vielversprechend. Es könnte daher grundsätzlich auch in bevölkerungsreichen afrikanischen Ländern – wie dem Niger – eingesetzt werden.

Pro-Argument: Bevölkerungswachstumsrate in China stark gesunken

Allerdings stellen staatliche Vorgaben zur Beschränkung der Familiengröße einen **starken Eingriff in die Persönlichkeitsrechte** der Bürger dar und schränken somit deren Entscheidungsfreiheit drastisch ein. Auch ist die konsequente Durchsetzung einer solchen Politik aufwendig und mit **großen Kosten** verbunden. Es ist davon auszugehen, dass dem Niger die finanziellen Mittel zur Kontrolle und Durchführung der Maßnahme nicht zur Verfügung stehen. Da kaum belastbare staatliche Institutionen existieren und der Staat oft nicht einmal seinen Grundaufgaben, wie z. B. der Versorgung der Bürger, zuverlässig nachkommen kann, ist es naheliegend, dass die konsequente Einhaltung einer Ein-Kind-Politik sowohl finanziell als auch organisatorisch nur schwer durchsetzbar wäre. Zudem ist der Niger

Kontra-Argumente: Eingriff in die Persönlichkeitsrechte

Mangel an finanziellen Mitteln

Fehlen belastbarerer staatlicher Strukturen

geprägt von **starken religiösen Traditionen** und einer **kriegeri-**
schen Stammeskultur. Beides zusammen würde die Umsetzung
einer Ein-Kind-Familienpolitik weiter erschweren.
Das chinesische Modell lässt sich also nicht ohne Weiteres auf afrikanische Staaten wie den Niger übertragen. Die politischen, kulturellen und religiösen Gegebenheiten der Länder sind nicht vergleich-
bar und demnach muss auch die **Bevölkerungspolitik individuell**
gestaltet werden. Anstatt einer Ein-Kind-Politik sollte im Niger eher
zu anderen Maßnahmen zur Reduktion des Bevölkerungswachstums
gegriffen werden. Ein erster Ansatzpunkt könnte beispielsweise ein
flächendeckender, kostenfreier Zugang zu Bildung – auch für Mädchen – sein.

religiöse
Traditionen

Fazit:
Anpassung der
Politik an natio-
nale Gegeben-
heiten erforderlich

Zusammenfassend lässt sich feststellen, dass das rasche Bevölkerungswachstum eine der größten Herausforderungen des 21. Jahrhunderts darstellt, sowohl auf lokaler als auch auf globaler Ebene.
Die steigenden Bevölkerungszahlen haben fast zwangsweise einen
Ressourcenmangel und damit einhergehende Konflikte, vor allem
um Nahrung und Wasser, zur Folge. Fortschreitende Klimaverände-
rungen verschärfen diese Situation zusätzlich. Zu berücksichtigen
bleibt jedoch, dass alle Prognosen zur Bevölkerungsentwicklung
nicht zwangsweise verlässlich sind und ganz wesentlich davon ab-
hängen, wie sich die Menschheit in den kommenden Jahrzehnten
verhalten wird.

Schluss

Mögliche Fragen zum Schwerpunktthema

1 *Erläutern Sie, welche Ausnahmen es zur Ein-Kind-Familienpolitik in China gab.*
   - **Minderheiten** (z. B. Tibeter und Uiguren): grundsätzlich keine Beschränkung
     der Kinderzahl, um Unruhen zu verhindern, aber auch weil es im Hochland von
     Tibet schlichtweg zu schwierig war, die Nomaden zu kontrollieren
   - **ländlicher Raum:** Familien wurde erlaubt, ein zweites Kind zu bekommen,
     wenn das erste ein Mädchen gewesen ist, um die Chance auf den traditionell so
     wichtigen männlichen Erben zu erhöhen

2 *Beurteilen Sie die Wirksamkeit der chinesischen Ein-Kind-Familienpolitik, indem*
   Sie die Entwicklung der Fertilitätsrate in der Volksrepublik China mit der in Tai-
   wan vergleichen.

Fertilitätsrate (Kinder pro Frau)		
	China	**Taiwan**
1950	6,02	6,72
2015	1,6	1,11

eigene Darstellung, Daten nach: United Nations –
World Population Prospects/Population Division,
https://population.un.org/wpp/DataQuery/

- Zahl der Kinder pro Frau ist im kulturell vergleichbaren Taiwan auf ein noch niedrigeres Niveau gesungen als in der Volksrepublik China
- Ein-Kind-Familienpolitik kann dementsprechend nicht alleine für den Rückgang der Geburten verantwortlich sein
- zunehmende Verstädterung mit einhergehendem Platzmangel und hohen Lebenshaltungskosten (gerade auch für die Ausbildung der Kinder) verantwortlich für Geburtenrückgang
- längere Ausbildungsdauer führt zu späterem Heiratsalter
- hohe Erwerbstätigkeit der Frauen, zusammen mit steigendem Wohlstand und einem sich verbreitenden Hedonismus (Freizeitkultur) führt zu geringerem Interesse an einer höheren Kinderzahl
- niedrigere Kinderzahl pro Frau in Taiwan ist somit durch den höheren Wohlstand bzw. die höhere Verstädterungsrate zu erklären

3 *Arbeiten Sie die negativen Auswirkungen der Ein-Kind-Familienpolitik für die Wirtschaft heraus.*

- sehr rasche Überalterung der Gesellschaft
- dadurch zunehmender Arbeitskräftemangel und steigende Lohnkosten
- Gefährdung des bisherigen chinesischen Wirtschaftsmodells, das auf Exporten basiert, die durch niedrige Löhne befeuert werden
- Rückgang des Konsums in überalternden Gesellschaften
- zunehmende Kosten für Rentenzahlungen und Gesundheitswesen korrelieren negativ mit einem geringeren Wirtschaftswachstum und sinkenden Steuereinnahmen

4 *Erklären Sie den Begriff „Kleine Kaiser" und erläutern Sie, warum diese meistens männlich sind.*

- durch die Ein-Kind-Politik entstehende Einzelkinder werden nicht nur von ihren Eltern umsorgt, sondern sind oft auch die einzigen Enkel von immerhin vier Großeltern
- sie sind der absolute Mittelpunkt der Familie; werden häufig übergewichtig (die vielen Naschereien der Großeltern) und egozentrisch, daher der Begriff „Kaiser"
- mehrheitlich Jungen, weil diese in der religiösen Tradition des chinesischen Ahnenkultes bei wichtigen Riten nicht durch Mädchen ersetzt werden können
- weibliche Föten werden deshalb vermehrt abgetrieben, wodurch es zu einem starken Ungleichgewicht in der Geschlechterverteilung in China gekommen ist
- langfristig führt das wiederum zu sozialen Problemen und einer geringeren Geburtenrate

Lehrplanbereich	Eine Welt – Strukturen, Entwicklungswege, Verflechtungen, Globalisierung (Kurshalbjahr 12/1)
Thema des Referats	Ferntourismus in Thailand

Aufgabenstellung

Stellen Sie die Voraussetzungen für den Tourismus in Thailand und dessen Entwicklung, auch unter Einbeziehung der Materialien und geeigneter Atlaskarten, dar. Erläutern Sie dann mögliche positive und negative Effekte des Tourismus auf das Land. Erstellen Sie schließlich ein Konzept, in dem Sie Vorschläge im Sinne eines nachhaltigen, „sanften" Tourismus in Chanthaburi ausarbeiten.

M1 Chanthaburi[1] will kein zweites Phuket werden

Thailands Provinzhauptstadt Chanthaburi wird bald per Schnellzug mit Bangkok verbunden. Der „Lucky Train" könnte zu einem Touristenboom führen, der Chancen bietet – vielen aber auch Angst macht.

Sie hätten das alte Gasthaus mit den drei Dächern auch gleich ganz abreißen können,
5 meint Pattama Pranghpan, als sie auf der Teakholzterrasse am Fluss ihren Gästen ein paar Teller mit frittierten Garnelen serviert. „Finanziell wäre das klüger gewesen", sagt die Mittdreißigerin.
Ihr Arbeitsplatz, das mehr als 150 Jahre alte Gebäudeensemble Baan Luang Rajamaitri in der Altstadt von Chanthaburi, erlag mit der Zeit dem feuchtheißen Klima Südost-
10 asiens und gammelte vor sich hin. Der vorherige Besitzer war pleite und konnte sich keine kostspielige Renovierung leisten. Der Verkauf des Anwesens hätte ihn auf einen Schlag saniert – zumal die Grundstückspreise in der Stadt rapide steigen.
Angetrieben werden die Preise von der Hoffnung auf Touristen, die künftig in Scharen einfallen sollen – transportiert von einem Hochgeschwindigkeitszug, der Chanthaburi
15 im Osten des Landes künftig in wenig mehr als einer Stunde mit der Hauptstadt Bangkok verbinden soll. Noch ist der „Lucky Train", wie die Einwohner den Zug nennen, Zukunftsmusik. […] Die Goldgräberstimmung ist aber längst da.

Angst vor Rotlichtvierteln und Tourismus wie in Pattaya
Eine Entwicklung, die viele in der Stadt mit gemischten Gefühlen sehen. Natürlich
20 wolle man vom Fremdenverkehr profitieren, sagt Pattama Pranghpan. „Aber nicht um den Preis unserer Identität." Zu präsent sind auch den Menschen von Chanthaburi die

Bilder aus dem nur 120 Kilometer entfernten Badeort Pattaya von Rotlichtvierteln und Bettenburgen, exzessiv feiernden Touristen und Rund-um-die-Uhr-Lärm.
Wo sich vor allem viele ausländische Investoren breitgemacht haben und mit Kaffee-
25 ketten oder Luxushotels den finanziellen Rahm vom Ferientreiben abschöpfen. Auch Phuket oder Koh Samui bewegen sich Pranghpans Meinung nach in diese Richtung. „Das wollen wir aber nicht", sagt sie. „Wir haben von den Fehlern dieser Orte gelernt." Eine lokale Richtlinie schreibt beispielsweise vor, dass 90 Prozent der örtlichen Be-triebe in der Hand von Einheimischen bleiben müssen, und deswegen wurde auch das
30 Baan Luang Rajamaitri nicht abgerissen und das Grundstück nicht an Spekulanten ver-kauft. Annähernd 300 Einwohner der Stadt – darunter Pranghpan und ihre Familie – schlossen sich zur Chantaboon Waterfront Community zusammen und finanzierten so gemeinsam die Restaurierung weiter Teile der Altstadt – darunter eben auch das alte Gasthaus mit der schönen Veranda aus Edelholz und seinen zwölf Zimmern.
35 Wer hier absteigt, wird vom steten Glucksen des Chanthaburi-Flusses eingelullt, hört die Gongschläge in der nahen buddhistischen Tempelanlage mit der goldenen Kuppel und blickt auf vergilbte Fotos an den Wänden, die von der guten alten Zeit Chantha-buris künden. […]

Quelle: Axel Springer SE, WELT.de, 04.03.2018: www.welt.de/reise/Fern/article173801931/
Thailand-Chanthaburi-will-nicht-wie-Pattaya-oder-Phuket-werden.html

Anmerkung
1 ca. 157.000 Einwohner, Lage: ca. 250 km südöstlich von Bangkok, ca. 20 km von der Küste des Golfs von Thailand entfernt; Flugzeit ab Bangkok ca. 1 Stunde

Internationale Ankünfte und Einnahmen aus dem Tourismus in Thailand

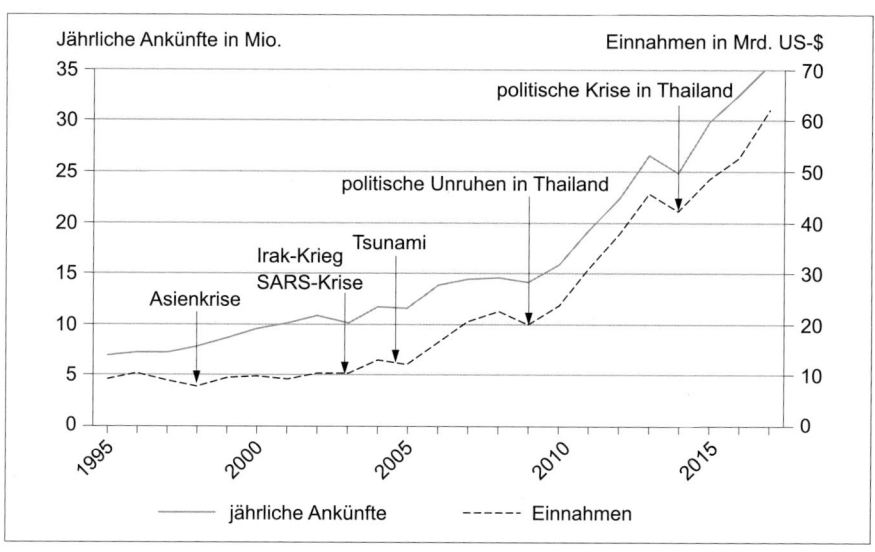

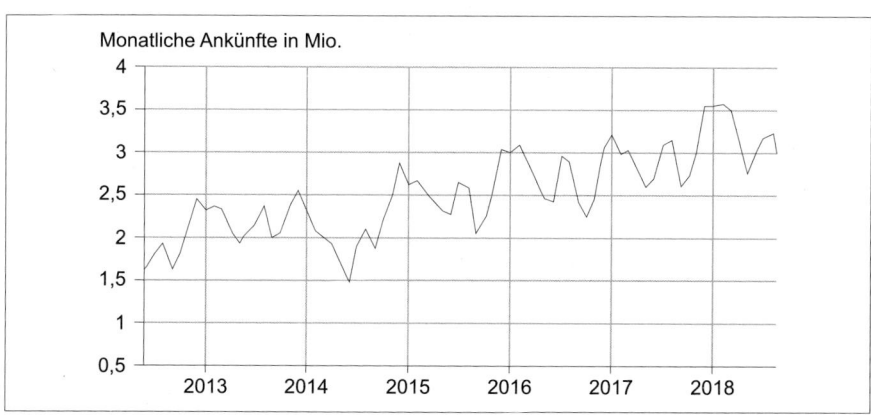

Quelle: eigene Darstellung; Daten nach Weltbank

Lösungsvorschlag

Der Aufbau des Referats ergibt sich aus der **dreigliedrigen Aufgabenstellung**. Die Operatoren („stellen Sie dar", „erläutern Sie", „erstellen Sie ein Konzept") geben dabei die Schwerpunkte vor. Die Ergebnisse der einzelnen Arbeitsaufträge sollten alle in etwa den gleichen Umfang haben.

Sinnvoll ist es, zu Beginn den Prüfern die **eigene Vorgehensweise** (Aufbau/Gliederung des Referats) vorzustellen. Dies zeigt im besten Fall, dass der Prüfling überlegt und durchdacht vorgeht – erleichtert es aber auch den Prüfern, dem Vortrag zu folgen, was sich positiv auf die Bewertung auswirken kann.

Als **Einstieg** zum Referat bietet sich die kurze Schilderung der in M 1 dargestellten Situation in Chanthaburi/Thailand im Sinne eines aktuellen Anlasses an.

Der **Operator „darstellen"** entspricht dem Anforderungsbereich I (Reproduktionsleistungen) und verlangt, dass **Strukturen und Entwicklungen des Tourismus in Thailand** mithilfe der Materialien beschrieben und verdeutlicht werden. Grundkenntnisse zum Thema Ferntourismus und seine Folgen werden vorausgesetzt. Der Text M 1, die Diagramme in M 2 und geeignete Atlaskarten bieten zusätzliche Ansatzpunkte und sollen entsprechend der Aufgabenstellung einbezogen werden. Analogieschlüsse zu anderen, auch im Unterricht besprochenen Regionen sind zulässig und sinnvoll.

Der **Operator „erläutern"** entspricht dem Anforderungsbereich II (Reorganisations- und Transferleistungen) und fordert hier eine Gegenüberstellung der **positiven und negativen Auswirkungen** des Tourismus in Thailand anhand von Beispielen. Die Gegenüberstellung und Abwägung zeigt, ob der Prüfling die Situation in Thailand differenziert einschätzen kann. Aspekte aus M 1 können und sollen (!) dabei einbezogen werden.

Der **Operator „ein Konzept erstellen"** entspricht dem Anforderungsbereich III (Reflexion und Problemlösung). Wichtig ist, dass Sie bei der Bearbeitung dieser Teilaufgabe strukturiert vorgehen. Im Zentrum steht die **Idee des nachhaltigen, sanften Tourismus**. Die in M 1 dargelegten Befürchtungen der Bewohner von Chanthaburi könnten die Grundlage für die Ausführungen bilden. Erwartet werden aber auf jeden Fall auch darüber hinausgehende eigene Überlegungen. **Parallelen zu anderen Regionen**, in denen nachhaltiger oder „sanfter" Tourismus bereits existiert, können aufgegriffen und entsprechend den thailändischen Voraussetzungen interpretiert bzw. mit diesen verglichen werden.

Als **Abschluss** des Referats empfiehlt es sich, den Kreis zum Einstieg zu schließen, also z. B. in einer Art Resümee darzulegen, dass den in M 1 geschilderten Befürchtungen der Einwohner bei einer entsprechenden Vorgehensweise bei der Erschließung des Ortes Rechnung getragen werden kann.

Themenspezifische Atlaskarten

- Diercke Weltatlas, S. 178: Südostasien – Physische Karte
- Diercke Weltatlas, S. 180: Südostasien – Wirtschaft
- Haack Weltatlas, S. 153: Südostasien (kulturelle Vielfalt, wirtschaftliche Perspektiven) – Internationaler Tourismus in Thailand (Karte 5)

| Gliederung des Kurzreferats

Einstieg:
- Skizzierung der in M 1 dargestellten Situation
- Vorstellung des Themas: Ferntourismus am Beispiel Thailand
- an der Aufgabenstellung orientierte Kurzgliederung des Referats

Hauptteil:

Voraussetzungen für und Entwicklung des Tourismus in Thailand
- **Voraussetzungen:**
  - natürliche Faktoren, z. B. Klima, Relief, Strände, Nationalparks
  - soziokulturelle Faktoren, z. B. Tempel, Ruinen, Altstadt von Chanthaburi (vgl. M 1), exotische Küche, Theater, Musik
  - infrastrukturelle Faktoren, z. B. internationaler Flughafen in Bangkok und Binnenflughäfen, geplante Schnellzugverbindung („Lucky Train") von Bangkok nach Chanthaburi, bereits ausgebaute Touristen- und Badezentren, Rotlichtviertel
  - wirtschaftliche Faktoren, z. B. im Vergleich zu Europa niedriges Preisniveau, qualifizierte Arbeitskräfte im Tourismus, günstige Bodenpreise (vgl. M 1)
- **Entwicklung:**
  - seit Mitte der 90er-Jahre beständig wachsende Zahl an touristischen Ankünften und steigende Einnahmen aus dem Tourismus
  - Einbrüche unter dem Einfluss von Kriegen, Krisen, Krankheiten oder Naturkatastrophen
  - monatliche touristische Ankünfte von 2013 bis 2018 trotz jahreszeitlicher Schwankungen beständig steigend
  - jahreszeitliche Schwankungen sind auf Regenzeiten in Thailand und die Jahreszeiten in den Heimatländern der Touristen zurückzuführen

Mögliche positive und negative Effekte des Tourismus
- **positive Effekte:**
  - Steigerung der Einnahmen und damit des BIP/BNE
  - steigende Beschäftigung bzw. in Thailand anhaltend hohe Beschäftigtenzahlen
  - Förderung des unternehmerischen Tätigwerdens

- höhere Steuereinnahmen: mehr staatliche Investitionen, Abbau räumlicher und sozialer Disparitäten
- verstärkter Denkmal- und Umweltschutz
- Verbesserung der Zahlungsbilanz des Staates (da Einnahmen aus dem Ausland die Ausgaben für Importe übersteigen)
- **negative Effekte:**
  - siedlungsgeographische Veränderungen
  - Umweltbelastung: z. B. Zerstörung von Ressourcen, erhöhtes Abfallaufkommen
  - Verknappung von Gütern bzw. Fehlzuweisung knapper Produktionsfaktoren
  - Devisenabfluss aufgrund der Tätigkeit internationaler Unternehmen (vgl. M 1)
  - Verdrängung traditioneller Wirtschaftszweige
  - Problem eines gespaltenen Marktes
  - Minderwertigkeitsgefühl oder Neid bei Einheimischen durch unangebrachtes Auftreten der Touristen
  - Förderung der Korruption und Ausweitung des informellen Sektors
  - Abhängigkeit vom Tourismus im Sinne einer Monostruktur
  - Saisonalität des Arbeitsplatzangebots

Konzept eines nachhaltigen, „sanften" Tourismus für Chanthaburi

- **Definition:**
  - nachhaltiger = sanfter Tourismus
  - Befriedigung der touristischen Bedürfnisse unter Berücksichtigung der Zukunftschancen des Zielgebiets (hier: Thailand bzw. Chanthaburi)
  - Erfüllung wirtschaftlicher und sozialer Erfordernisse der Bevölkerung
  - Wahrung der kulturellen Identität
  - möglichst geringe Eingriffe in die Natur
- **Konzept (orientiert an M 1, ergänzt durch eigene Vorschläge):**
  - Abgrenzung von Touristenzentren wie Pattaya, also: kein Massentourismus, keine Rotlichtviertel, kein Partytourismus
  - Festlegen von Grenzen der touristischen Erschließung zur Wahrung der lokalen kulturellen Identität
  - Erhalt baulicher Strukturen im Ort und Sanierung der Altstadt, z. B. durch Unterstützung von Privatinitiativen wie der *Chantaboon Waterfront Community*
  - Schwerpunktsetzung auf Kultur (Tempelanlage, Theater, Konzerte usw.) und Natur
  - sanfte Nutzung des Chanthaburi-Flusses, z. B. durch Gastronomie am Fluss oder individuelle Bootsfahrten
  - Badetourismus möglich, jedoch Beschränkung auf ausgewählte „umweltfreundliche" Wassersportarten (z. B. Tauchen, Segeln, Surfen)
  - Ausarbeitung von Konzepten zur Müllvermeidung und -entsorgung, z. B. Reduzierung von Verpackungsmüll durch Einbindung regionaler Produzenten

- Regelung der Zuwanderung von Arbeitskräften aus anderen Landesteilen
- Richtlinie: 90 % der örtlichen Betriebe müssen in einheimischer Hand sein
- Kontrolle des Preisanstiegs durch Einschränkung ausländischer Investitionen

Schluss:
- Tourismus birgt Chancen und Risiken
- negativen Effekten des Tourismus kann mithilfe eines passenden Konzepts entgegengewirkt werden
- Nutzung der positiven Effekte im Sinne eines nachhaltigen Tourismus möglich

---

Kurzreferat

Thailand ist bekannt für seinen Tourismus (wir sprechen in diesem Zusammenhang von Ferntourismus) – und Thailand ist berüchtigt für seinen Tourismus. Doch nicht nur hier in Deutschland, sondern gerade auch in Thailand selbst verbinden viele Leute mit Tourismus automatisch Orte wie Pattaya mit seinen „Rotlichtvierteln und Bettenburgen, exzessiv feiernden Touristen und Rund-um-die-Uhr-Lärm" (M 1, Z. 22 f.), wie auch in dem vorliegenden Artikel aus der WELT deutlich wird. In Thailand hat man die negativen Auswirkungen dieser Art von Tourismus aber längst erkannt. So zeigt das Beispiel der Stadt Chanthaburi, ungefähr 250 km südöstlich von Bangkok, dass man in einigen Tourismusdestinationen versucht, solche Entwicklungen zu verhindern.

Einstieg

Im folgenden Referat sollen zunächst die **Voraussetzungen des Tourismus** in Thailand sowie dessen Entwicklung dargestellt werden. Im Anschluss daran werde ich **positive und negative Effekte des Tourismus** auf das Land erläutern. Schließlich stelle ich ein Konzept vor, wie man in Chanthaburi die positiven Effekte des Fremdenverkehrs nutzen und im Sinne eines nachhaltigen, **sanften Tourismus** umsetzen kann.

Kurzgliederung des Referats

Die Voraussetzungen für den Tourismus in Thailand lassen sich nach natürlichen, soziokulturellen, infrastrukturellen und wirtschaftlichen Aspekten untersuchen.
Ein **natürlicher Faktor** ist in einem Land wie Thailand zunächst das **Klima**. Thailand liegt ungefähr zwischen 6° und 21° nördlicher Breite und damit im Bereich der wechselfeuchten Tropen. Die Durchschnittstemperatur liegt ganzjährig bei ca. 25 °C – für den Badetourismus ist das eine optimale Voraussetzung. Ein weiterer natürlicher Faktor, der den Tourismus in Thailand begünstigt, ist das **Relief**. Vor allem im Norden des Landes gibt es Berge bis über 2 000 m über NHN, die die Grundlage für den Trekkingtourismus in Thailand bilden. Das zeigt sich auch daran, dass in dieser Region

Hauptteil
Voraussetzungen für den Tourismus
natürliche Faktoren

63

gleich mehrere touristische Zentren zu finden sind (eines davon „mit überragender Bedeutung") und sie ein mäßiges, teils sogar starkes Wachstum des Tourismus zu verzeichnen hat. Weitere natürliche Gunstfaktoren für den Tourismus in Thailand sind z. B. die **Strände, Nationalparks** oder in der Stadt Chanthaburi der gleichnamige Fluss.

Die **soziokulturellen Faktoren** sind primär der langen Geschichte des Landes zu verdanken. Im Atlas ist ersichtlich, dass Thailand reich an **Tempeln und Ruinen** ist – selbst **prähistorische Fundorte** sind vorhanden, was viele kulturell und historisch interessierte Touristen anlockt. Für Chanthaburi werden in M 1 eine buddhistische Tempelanlage, die Altstadt und ein 150 Jahre altes Gebäudeensemble erwähnt. Bekannt ist Thailand zudem für die für uns Europäer exotisch wirkende Musik, das Theater und das Essen.

soziokulturelle Faktoren

Bei den **infrastrukturellen Faktoren** sind zunächst der **internationale Flughafen** in Bangkok sowie drei weitere internationale Flughäfen im Norden und Süden des Landes zu nennen, die die Anreise aus aller Welt ermöglichen. Hinzu kommen zehn Binnenflughäfen, durch die sichergestellt wird, dass nahezu alle Landesteile in kurzer Zeit erreicht werden können. In M 1 wird zudem die geplante Zugverbindung von Bangkok nach Chanthaburi angesprochen. Mit einem **Hochgeschwindigkeitszug**, dem „Lucky Train", soll die Strecke künftig in wenig mehr als einer Stunde zurückgelegt werden können. Weitere infrastrukturelle Faktoren in Thailand sind zahlreiche bereits ausgebaute **Touristen- und Badezentren** mit international angepassten Standards, aber auch die in M 1 erwähnten **Rotlichtviertel** und Partymeilen.

infrastrukturelle Faktoren

Ein ganz wesentlicher **wirtschaftlicher Gunstfaktor** für den Tourismus ist – wie in vielen weniger entwickelten Ländern – ein vergleichsweise **niedriges Preisniveau**, welches Touristen aus wohlhabenderen Staaten günstigen Urlaub in Thailand ermöglicht. Des Weiteren findet sich ein großer Teil der Arbeitsplätze bereits heute im tertiären Sektor. Dabei handelt es sich hauptsächlich um solche im Tourismusbereich – **qualifizierte Arbeitskräfte** sind also vorhanden. Nicht zuletzt sind an manchen Orten die Bodenpreise noch relativ günstig, was insbesondere ausländische Investoren anlockt.

wirtschaftliche Faktoren

Die erste Grafik in M 2 zeigt eine beständig **wachsende Anzahl** an **touristischen Ankünften** und fortwährend **steigende Einnahmen** aus dem Tourismus seit Mitte der 90er-Jahre. Erkennbare Einbrüche der touristischen Ankünfte zeigen sich immer unter dem Einfluss von Kriegen, Krisen, Krankheitswellen oder Naturkatastrophen, so z. B. während der Asienkrise Ende der 1990er-Jahre oder nach dem Tsunami, der 2004 Teile Thailands verwüstete. In der zweiten Grafik werden die monatlichen touristischen Ankünfte von 2013 bis 2018

Entwicklung des Tourismus in Thailand

abgebildet, die in diesem Zeitraum beständig stiegen. Monatliche Schwankungen sind auf die Regenzeit in Thailand zurückzuführen. So sinkt die Zahl der Ankünfte in den Monaten, kurz nachdem die Sonne im Zenit steht, wegen der niedergehenden Zenitalregen. Eine Rolle dürfte auch die Jahreszeit in den Herkunftsländern der Touristen spielen. Während des Winters auf der Nordhalbkugel steigt die Zahl der Ankünfte also einerseits bedingt durch die geringeren Niederschläge in Thailand, andererseits durch das winterliche Wetter in der Heimat der Touristen.

positive und negative Effekte des Tourismus

Ein **positiver Effekt**, der sich aus den zunehmenden Touristenzahlen ergibt, sind die **steigenden Einnahmen** in den touristischen Regionen. Davon profitieren vor allem Unternehmen des tertiären Sektors und die darin tätigen Privatpersonen: von der Bedienung im Restaurant bis zum Betreiber einer Hotelkette. Die **Beschäftigtenzahlen steigen** bzw. bleiben sie in Thailand anhaltend hoch. Was im tertiären Sektor durch den Tourismus eingenommen wird, kommt wiederum anderen Marktteilnehmern (z. B. den Besitzern oder Angestellten von Geschäften, die den täglichen Bedarf bedienen) zugute. **Unternehmerisches Tätigwerden** wird so im Land gefördert. Über die **Steuereinnahmen** fließen dann auch dem Staat mehr finanzielle Mittel zu, was seinerseits zu **Investitionen**, z. B. im Infrastrukturbereich (Verkehrsmittel, Krankenhäuser, Schulen usw.), führt. Das wiederum begünstigt im besten Fall den **Abbau regionaler sozialer und wirtschaftlicher Disparitäten** im ganzen Land.

wirtschaftlicher Aufschwung

Abbau von Disparitäten

Die Schaffung neuer Infrastruktur bedeutet aber auch immer **siedlungsgeographische Veränderung**, die **Zerstörung von Ressourcen** und **Eingriffe in die Umwelt**, manchmal auch die Verknappung von Gütern, wie z. B. Trinkwasser, und nicht zuletzt ein **erhöhtes Abfallaufkommen**. Der Tourismus kann jedoch andererseits auch dabei helfen, die **Umwelt** zu **schützen**, wie die große Anzahl an Nationalparks in Thailand zeigt. Auch der **Denkmalschutz** wird durch den Tourismus im Idealfall gefördert, denn die im ersten Teil des Referats angesprochenen Tempel und Ruinen wollen gepflegt werden, wenn sie im Sinne des Tourismus Einnahmen generieren sollen. Darüber hinaus verbessert sich die **Zahlungsbilanz** des Staates, wenn die Einnahmen aus dem Ausland im Vergleich zu den Ausgaben für Importe steigen. Demgegenüber steht jedoch oft ein beachtlicher **Devisenabfluss** durch den Tourismus. Grund dafür ist, dass viele im Tourismus aktive Unternehmen international tätig sind. Ein Beispiel sind große Hotelketten, deren Sitze in wohlhabenderen Staaten liegen. Abgeschöpfte Gewinne fließen dann zurück in das „Heimatland" des Unternehmens und wirken sich daher nicht positiv auf das BIP Thailands aus. In Chanthaburi wird deshalb nicht um-

Zerstörung von Ressourcen

Förderung von Umwelt- und Denkmalschutz

Verbesserung der Zahlungsbilanz, jedoch hoher Devisenabfluss

sonst festgelegt, dass 90 % der Betriebe in einheimischer Hand bleiben sollen. Ziel ist es, so deren Verdrängung vom Markt und die damit häufig einhergehende **Verdrängung traditioneller Wirtschaftszweige** zu verhindern.

Auch die **Konkurrenz um Güter** kann für die Einheimischen zum Nachteil werden, nämlich dann, wenn sie der Finanzkraft der Touristen unterliegen. Immer wieder kann aus diesem Grund auch die (mehr oder weniger) gezielte **Fehlzuweisung knapper Produktionsfaktoren** beobachtet werden. So werden z. B. häufig Baumaterial, Arbeitskräfte oder finanzielle Mittel vorrangig zum Aufbau touristischer Infrastruktur eingesetzt – die Bedürfnisse der Einheimischen stehen an zweiter Stelle. zunehmende Konkurrenz um Güter

Begünstigte des Tourismus sind im Idealfall einheimische Produzenten von Gütern, z. B. von Nahrungsmitteln, Souvenirs oder Möbeln für Hotels. Als Problem muss hier jedoch der **gespaltene Markt** betrachtet werden. Touristen erwarten oft aus ihrer Heimat gewohnte Standards, was dazu führen kann, dass Waren für teure Devisen aus deren Ländern importiert werden (z. B. deutsches Bier nach Thailand), die Einheimischen ihre Waren deshalb aber nicht absetzen können. Die importierten Güter wiederum können sich die Einheimischen meist nicht leisten. Solche Umstände – oft in Verbindung mit einem neokolonialen Auftreten mancher Touristen – ziehen gegebenenfalls das **Gefühl von Minderwertigkeit oder Neid** bei Einheimischen nach sich, was sich negativ auf die Urlaubsatmosphäre oder sogar die Sicherheit am Zielort auswirken kann. Minderwertigkeitsgefühl bei Einheimischen

Häufige Phänomene sind auch die **Förderung der Korruption** und eine **Ausweitung des informellen Sektors**. Politiker und andere Entscheidungsträger profitieren finanziell davon, die Interessen – oft ausländischer – Geldgeber durchzusetzen. Diejenigen, die an Geschäften dieser Art nicht teilhaben, versuchen stattdessen im Bereich der Schattenwirtschaft (z. B. als Schuhputzer oder Verkäufer von Snacks) ihr Auskommen zu finden. Korruption und Stärkung des informellen Sektors

Staaten, in denen der Tourismus eine überproportional bedeutende Rolle spielt, sind immer auch im Sinne einer **Monostruktur** einseitig abhängig. Denn bleiben die Touristen, z. B. aufgrund von politischen Krisen oder Naturkatastrophen, aus, fehlt ein bedeutender Teil der Gesamteinnahmen des Landes. Ein Problem ist im Zusammenhang damit auch die für den Tourismus typische **Saisonalität**, wie die zweite Grafik in M 2 erkennen lässt. Einnahmen fließen nicht gleichmäßig über das Jahr verteilt – Unternehmer müssen deshalb „auf Vorrat" wirtschaften, Arbeitnehmer sind oft auf weitere Jobs in der Nebensaison angewiesen, um sich und ihre Familien ernähren zu können. Monostruktur und saisonale Arbeitsplätze

Auf den ersten Blick könnte nun der Eindruck entstehen, dass die negativen Effekte des Tourismus die positiven überwiegen. Es ist jedoch möglich, einerseits touristische Bedürfnisse zu befriedigen, auf der anderen Seite aber auch die Zukunftschancen eines Zielgebiets zu berücksichtigen. Man spricht in diesem Fall von sanftem Tourismus. Ganz konkret versteht man unter sanftem Tourismus, dass die Interessen der Wirtschaft erfüllt werden, aber auch den **sozialen und ökonomischen Belangen** der Bevölkerung langfristig Rechnung getragen wird. Dazu gehört z. B., dass die kulturelle Identität der einheimischen Bevölkerung gewahrt wird. Nicht zuletzt zeichnet sich sanfter Tourismus durch eine möglichst **geringe Beeinflussung intakter Natur** aus.

Den „roten Faden" für das Konzept, das vorgestellt wird, geben die in M 1 deutlich werdenden Vorstellungen der Einwohner von Chanthaburi vor: „Chanthaburi will kein zweites Phuket werden" lautet der Titel des Artikels. Wie der weitere Text zeigt, möchte man sich deutlich von Touristenzentren wie Pattaya abgrenzen. Ziel ist es also, einen Massentourismus mit „Bettenburgen" zu vermeiden, dabei jedoch trotzdem dem Wunsch der Bevölkerung, aus dem Tourismus Kapital zu schlagen, gerecht zu werden. Individualtourismus ist die Alternative zum Massentourismus und damit auch die Form des Tourismus, die sich für Chanthaburi anbietet. Kurzfristig ist dies sicher die Variante, die geringere Einnahmen erwarten lässt, langfristig ist sie jedoch insgesamt nachhaltiger – auch finanziell, denn der schonende Umgang mit Ressourcen ermöglicht auch kommenden Generationen deren Nutzung.

Ein Teil des Konzepts sollten deshalb entsprechende Regelungen in Chanthaburi sein, die **Grenzen der touristischen Erschließung** festlegen. Grundlage dafür ist der Gedanke, den die interviewte Pattama Pranghpan in M 1 äußert: Man wolle vom Fremdenverkehr profitieren, „[a]ber nicht um den Preis [der eigenen] Identität." (M 1, Z. 20 f.), so die Bewohnerin. Diese Prämisse beinhaltet zum Beispiel die **Wahrung der lokalen kulturellen Identität**, den **Erhalt baulicher Strukturen** im Ort und ggf. deren Sanierung. Kulturgüter wie die buddhistische Tempelanlage sind zweifelsohne Attraktionen, die auch touristisch genutzt werden können. Problematisch ist nur, dass der Erhalt von Kulturgütern im Sinne des Individualtourismus Geld kostet, gleich ob durch den Verzicht auf Touristenmassen oder durch den kostspieligen Erhalt von Bausubstanz. Bevor Einnahmen verzeichnet werden können, muss also zunächst vorfinanziert werden. Solche Vorleistungen werden häufig von Privatinitiativen übernommen, z. B. in Form von ehrenamtlichem Arbeitseinsatz und mithilfe von gestiftetem Material, wie das Beispiel der *Chantaboon Waterfront Community* in Chanthaburi zeigt.

Konzept eines nachhaltigen Tourismus

Definition sanfter Tourismus

Konzept für Chanthaburi

Individualtourismus statt Massentourismus

Wahrung der kulturellen Identität

Im Sinne des sanften Tourismus bieten sich auch spezielle **Kultur-programme** an, die mit der „immateriellen" Kultur, also z. B. Musik oder Theater, kulturell Interessierte nach Chanthaburi locken. Die **Natur Thailands** ist eine weitere Basis für den nachhaltigen Tourismus. Chanthaburi liegt am Chanthaburi-Fluss. Wer tropische Flüsse kennt, weiß um deren Artenreichtum – aber auch um deren Atmosphäre. Beides zu erhalten muss sowohl Grundlage als auch Ziel eines nachhaltigen Tourismus in Chanthaburi sein. Eine sanfte Nutzung, wie sie z. B. durch das Restaurant am Fluss oder durch individuelle Bootsfahrten, die den Fluss nicht überlasten, gegeben ist, bietet sich für Chanthaburi an. Die Nähe zur Küste am Golf von Thailand ermöglicht zudem **Badetourismus**. Auch dieser lässt sich durch bestimmte Regelungen nachhaltig gestalten, z. B. indem man auf vergleichsweise umweltgerechte Wassersportarten setzt: Segeln oder Surfen statt Motorbootfahren, Tauchen mit einer begrenzten Anzahl kleiner Gruppen statt überfüllter Badestrände. Schützenswerte Strandabschnitte könnten zudem für den Badetourismus komplett gesperrt werden. Zum Schutz der Natur zählen auch **Konzepte zur Müllentsorgung und -vermeidung**. Müllvermeidung ist beispielsweise durch die Einbindung lokaler und regionaler Produzenten (z. B. von Nahrungsmitteln) in das Tourismuskonzept möglich. Kurze Lieferwege verringern den Verpackungsmüll und halten zudem die Schadstoffemissionen durch Fernverkehr niedrig. Nicht zuletzt wird damit einer Spaltung des Markts vorgebeugt. Einen nicht zu unterschätzenden Einfluss auf die touristische Entwicklung Chanthaburis wird auch der Bau der Schnellzugtrasse nach Bangkok haben. Ein Zustrom von Touristen, aber auch die unkontrollierte Zuwanderung von potenziellen Arbeitskräften aus anderen Landesteilen steht bevor. Beides kann durch Regelungen und entsprechende Kontrollmechanismen eingeschränkt werden. Eine vergleichbare Zielrichtung hat die Regelung, dass 90 % der örtlichen Betriebe in einheimischer Hand bleiben müssen. Der Bau großer Hotelkomplexe auswärtiger oder ausländischer Investoren wird so verhindert. Auch der Preisanstieg, z. B. im Immobiliensektor, kann dadurch besser kontrolliert werden.

Wie das Referat gezeigt hat, bietet Thailand alles, was das Touristenherz begehrt. Doch birgt der Tourismus nicht nur Chancen, sondern auch Risiken. Gerade in Thailand bekommt man an vielen Orten die negativen Auswirkungen von Massentourismus zu spüren, was oft zu Unbehagen bei der einheimischen Bevölkerung führt, wie man an den Bewohnern Chanthaburis sieht. Wie das Referat gezeigt hat, ist es jedoch durchaus möglich, mithilfe eines passenden Konzepts vielen negativen Effekten des Tourismus entgegenzuwirken und gleichzeitig die positiven Effekte des Fremdenverkehrs im Sinne eines nachhaltigen Tourismus zu nutzen.

Fokus auf Kultur, Natur und Umweltschutz

Regelungen zu Zuwanderung und Investitionen

Schluss

1 *Beschreiben Sie knapp das vorliegende Klimadiagramm von Chiang Rai/Thailand, erklären Sie, wie es zu den gezeigten Merkmalen kommt, und ordnen Sie es einer Region in Thailand zu.*

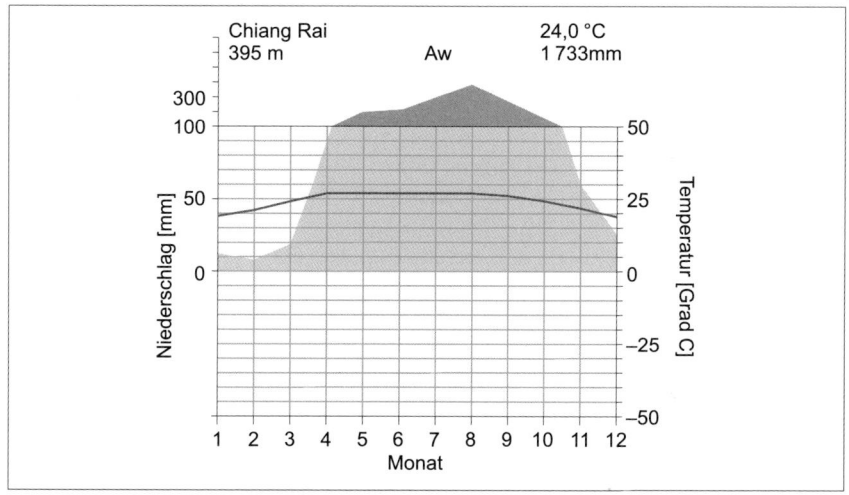

Quelle: Bernhard Mühr, 15.06.2017, http://klimadiagramme.de/Asien/chiangrai.html

Beschreibung:

– ganzjährig hohe Temperaturen zwischen 19 °C und 27 °C, Durchschnitt bei 24 °C, deutlich erkennbare Temperaturamplitude von 8 °C
– ganzjährige Niederschläge, Summe der Niederschläge/Jahr bei > 1 700 mm (damit fast doppelt so hoch wie in München und ca. zweieinhalbmal so hoch wie in Nürnberg)
– Hauptniederschläge in den Monaten April bis Oktober
– von Dezember bis März ist die Verdunstung höher als die Menge der Niederschläge → Aridität; übrige Monate sind humid

Ursachen:

– ganzjährig hohe Temperaturen aufgrund der Lage in den wechselfeuchten Tropen
– hohe Niederschläge ebenfalls in der Lage begründet (Äquatornähe, Zenitalregen des Passatklimas)
– Niederschlagsmaxima von April bis Oktober → Lage auf der Nordhalbkugel
– nur eine Niederschlagsspitze (im August) erkennbar → Chiang Rai muss nahe am nördlichen Wendekreis, also im Norden Thailands, liegen
– Grund: Sonne steht in Chiang Rai dicht aufeinander (kurz vor bzw. nach der Sommersonnwende am 21. Juni) im Zenit, sodass es nur eine Regenspitze gibt
– Abgrenzung: Stationen im Süden Thailands haben in der Regel noch höhere Temperaturen und aufgrund der Nähe zum Äquator zwei Regenmaxima im Jahr

2 *Im Referat haben Sie die von Jahr zu Jahr zunehmenden Touristenzahlen erwähnt. Legen Sie dar, was zu diesen steigenden Touristenzahlen geführt haben könnte.*

- Werbung
- Mund-zu-Mund-Propaganda durch Touristen, die das Land besucht haben
- vergleichsweise stabiles politisches System, das den Touristen relative Sicherheit im Land gewährt
- steigender Wohlstand in den Quellländern
- mit zunehmendem Flugverkehr sinkende Preise (entsprechend Verhältnis von Angebot und Nachfrage), auch durch „Billigfluglinien"
- zunehmender Ausbau der touristischen Infrastruktur (Bsp. Chanthaburi) entsprechend den Bedürfnissen ausländischer Touristen
- durch Massentourismus Preise, die nicht im gleichen Maße steigen wie die Löhne/Gehälter in den Quellländern

3 *Als Argument für den Ferntourismus wird oft angeführt, dass auch Einheimische von der touristischen Infrastruktur in ihrem Land profitieren. Beurteilen Sie dieses Argument.*

- trifft grundsätzlich zu, da zur touristischen Infrastruktur auch Verkehrswege, Verkehrsmittel, Erschließung hinsichtlich Wasser- und Abwasserleitungen, Elektrizität, Telefon und Internet gehören, die von Einheimischen genutzt werden können
- aber: Hotels, Restaurants, touristische Angebote wie Wassersportarten, Diskotheken, aber auch z. B. Telefon oder Internet sind für Einheimische oft nicht erschwinglich
- Gesamturteil: Einheimische profitieren nur teilweise von der touristischen Infrastruktur

Lehrplanbereich	Raumstrukturen und aktuelle Entwicklungsprozesse in Deutschland (Kurshalbjahr 12/2)
Thema des Referats	Neuorientierung altindustrieller Räume in Deutschland: Der Strukturwandel und seine Folgen

Aufgabenstellung

Erläutern Sie die Ursachen sowie die Folgen des Strukturwandels altindustrieller Räume Deutschlands an einem selbst gewählten Beispiel. Beschreiben Sie vor diesem Hintergrund das Projekt *CreativRevier Heinrich Robert* in Hamm (östliches Ruhrgebiet) und bewerten Sie es aus ökologischer, ökonomischer und sozialer Sicht (M 1 und M 2).

M 1 **Nach „Schicht im Schacht" kommt die „ExtraSchicht" – Aufbruch und Neubeginn auf dem Areal der aufgegebenen Zeche Heinrich Robert (Bergwerk Ost) in Hamm**

Die *ExtraSchicht 2019* leitet den Wandel auf dem ehemaligen Zechengebiet Heinrich Robert in Hamm im östlichen Ruhrgebiet ein. Das Kulturfestival zieht jedes Jahr über 200 000 Besucher an und vernetzt dabei über 50 Spielorte in 24 Städten des Ruhrgebiets. Auch das Areal der 2010 stillgelegten Zeche Heinrich Robert (Bergwerk Ost) ist
5 Teil dieser Veranstaltung und bietet mit seinem altindustriellen Gebäudeensemble eine eindrucksvolle Kulisse für die zahlreichen Veranstaltungen wie Konzerte, Laser- und Feuerwerkshows.
Doch das ist erst der Anfang. Denn ab 2019 wird der brachliegende Bereich des ehemaligen Bergwerks mit dem Projekt *CreativRevier Heinrich Robert* zu neuem Leben
10 erweckt. Wo bis zur Schließung im Jahr 2010 über 100 Jahre lang in 1 200 Metern Tiefe von über 2 000 Beschäftigten rund 1,5 Millionen Tonnen Steinkohle im Jahr gefördert wurden, soll bald ein neues Szeneviertel entstehen. Geplant ist eine Umwandlung des Industriekomplexes in einen Raum für Kunst und Kultur sowie für die Kreativ- und Dienstleistungswirtschaft. Außerdem soll das neu entstehende
15 Gelände Touristen anlocken. Dabei sollen einige der besonders imposanten Gebäude, wie etwa der Hammerkopfturm der Zeche, erhalten bleiben und so ein Arbeiten in einzigartiger Industrieerbekulisse ermöglichen.

71

Zudem ist vorgesehen, einen Teil der 55 Hektar großen Fläche in Baugrundstücke umzuwandeln, um attraktive Immobilien in unmittelbarer Nähe zu einer spannenden Haldenlandschaft und zum Ruhrradschnellweg zu schaffen. Insgesamt soll die bereits vorhandene Verkehrsinfrastruktur ebenfalls eine Aufwertung erfahren.

Der Einsatz von Photovoltaikanlagen sowie die Nutzung von austretendem Grubengas zur Energiegewinnung stellen einen Kontrast zur „schmutzigen" Vergangenheit dar, welche sich bis heute in dem durch Altlasten teilweise kontaminierten Erdreich auf dem Gelände des ehemaligen Bergwerks zeigt.

Neben einem geringen Teil an staatlichen Fördergeldern kommt das für die Revitalisierung der Industriebrache notwendige Geld insbesondere von privaten Investoren und Immobilienfirmen.

Quelle: eigene Zusammenstellung nach: Wirtschaftsförderung Hamm (https://www.wf-hamm.de/fuer-unternehmen/creativrevier/); ExtraSchicht – Die Nacht der Industriekultur (https://www.extraschicht.de/programm/nach-spielorten/spielort/creativrevier-heinrich-robert-hamm/detail/); Westfälischer Anzeiger (https://www.wa.de/hamm/pelkum-ort370530/traum-grosser-event-flaeche-hamm-geplatzt-rahmenplan-heinrich-robert-creativrevier-11874342.html)

Gebiet des stillgelegten Bergwerks Heinrich Robert (Bergwerk Ost) in Hamm mit städtischem Bebauungsplan (vereinfachte Darstellung)

Verwenden Sie zur Bearbeitung der Aufgabe die farbige Abbildung des Luftbildes auf den Farbseiten am Ende des Buches.

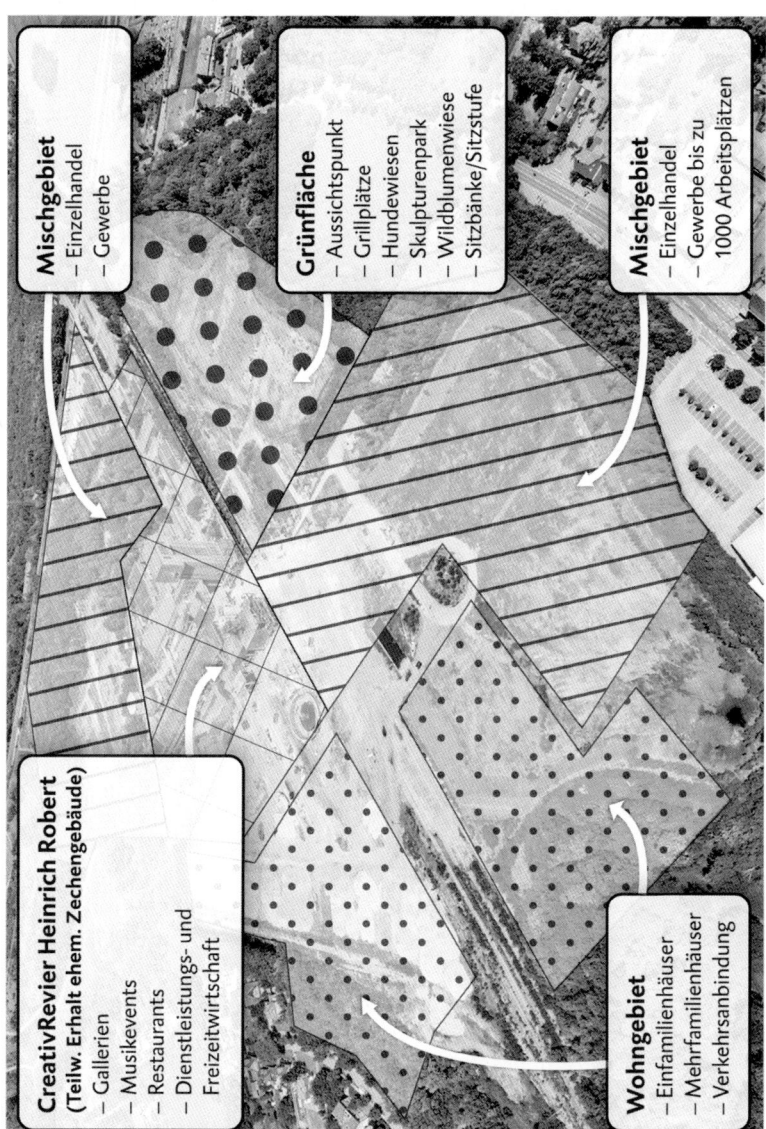

Mischgebiet
– Einzelhandel
– Gewerbe

Grünfläche
– Aussichtspunkt
– Grillplätze
– Hundewiesen
– Skulpturenpark
– Wildblumenwiese
– Sitzbänke/Sitzstufe

Mischgebiet
– Einzelhandel
– Gewerbe bis zu 1000 Arbeitsplätzen

CreativRevier Heinrich Robert
(Teilw. Erhalt ehem. Zechengebäude)
– Gallerien
– Musikevents
– Restaurants
– Dienstleistungs- und Freizeitwirtschaft

Wohngebiet
– Einfamilienhäuser
– Mehrfamilienhäuser
– Verkehrsanbindung

© Luftbild:
Hans Blossey

Lösungsvorschlag

TIPP *Hinweise zur Themenerschließung*

Ein Blick auf die **Operatoren** der Aufgabenstellung („erläutern", „beschreiben", „bewerten") lässt bereits eine geeignete **Grobstruktur** des Referats erkennen. Dabei kommt der Beantwortung des ersten Arbeitsauftrages („erläutern Sie") in etwa die gleiche Gewichtung zu wie dem dritten Arbeitsauftrag („bewerten Sie"). Lediglich dem zweiten Arbeitsauftrag („beschreiben Sie") muss weniger inhaltliche Tiefe gewidmet werden.

Wünschenswert ist ein **zielführender, knapper Einstieg**, der den erklärenden Ausführungen zum Strukturwandel vorangestellt wird. Als prägnanter Aufhänger kann dabei z. B. auf die zahlreichen Zechenschließungen im Ruhrgebiet verwiesen werden. Auch wenn es die Aufgabenstellung nicht explizit verlangt, ist es sinnvoll, die **zentrale Terminologie** (Strukturwandel, altindustrielle Räume) kurz zu erläutern und auch das gewählte Raumbeispiel knapp zu begründen.

Der Operator „erläutern" (Anforderungsbereich II: Reorganisations- und Transferleistungen) zielt auf das selbstständige und umfassende Erklären von bekannten Sachverhalten ab. Dabei ist eine **zusammenhängende Darstellung** besonders wichtig. Zur Erfüllung der Aufgabenstellung wird also eine **ausführliche Beschreibung der Ursachen sowie der Folgen** des Strukturwandels altindustrieller Räume in Deutschland erwartet. Diese sollen exemplarisch an einem selbst gewählten Raumbeispiel veranschaulicht werden.

Gerade mit Blick auf den zweiten Teil der Aufgabenstellung scheint es sinnvoll, Deutschlands **größten und bedeutendsten altindustriellen Raum**, das **Ruhrgebiet**, ins Zentrum der Betrachtungen zu rücken, nicht zuletzt auch deshalb, weil dieser Raum im Unterrichtsgeschehen oft in den Fokus gerückt wird. Natürlich können Sie sich jedoch auch auf ein anderes Raumbeispiel, etwa das Saarrevier oder den Raum Salzgitter, beziehen.

Der Operator „beschreiben" (Anforderungsbereich I: Reproduktionsleistungen) verlangt, dass aus dem vorgegebenen Material Informationen zielgerichtet und schlüssig wiedergegeben und in einen stimmigen Zusammenhang mit der Aufgabenstellung gebracht werden. Im vorliegenden Fall müssen also die für die Aufgabenstellung wichtigen Inhalte aus dem Text sowie aus dem Bildmaterial entnommen werden, um zu einer kurzen aber dennoch das Wesentliche umfassenden **Beschreibung des Projektes** *CreativRevier Heinrich Robert* zu kommen.

Der Operator „bewerten" (Anforderungsbereich III: Reflexion und Problemlösung) umfasst **den reflexiven Umgang mit Fragestellungen** sowie das **selbstständige Anwenden von Wissen** und Methoden mit dem Ziel, zu Deutungen und Beurteilungen zu gelangen. Sie sollen hier mithilfe der Materialien, Ihrer Kenntnisse und unter Verwendung gelernter Arbeitstechniken und Methoden (hier sind das zum einen die Textanalyse und zum anderen die Interpretation eines um zusätzliche Informationen ergänzten Luftbildes) zu einer **Bewertung** des *CreativReviers Heinrich Robert* kommen. Dabei sollen Sie **ökologische, ökonomische und soziale Kriterien** zugrunde legen. Dies soll selbstverständlich vor dem Hintergrund der vorangegangenen Ausführungen zum Strukturwandel und dessen Folgen geschehen. Dabei müssen Sie am Ende deutlich machen, ob bzw. inwieweit dieses Projekt beispielhaft für einen erfolgversprechenden Umgang mit dem Strukturwandel im Ruhrgebiet stehen kann. Eine geschickte Auswertung sowohl des Textes als auch des Luftbildes liefert zahlreiche Hinweise, die für die Beantwortung der Fragestellungen sehr hilfreich sind.

 Themenspezifische Atlaskarten

- Diercke Weltatlas, S. 67: Deutschland (Raumordnung) – Emscher Landschaftspark/Landschaft des Strukturwandels (Karte 4)
- Haack Weltatlas, S. 55: Deutschland (Entwicklung und Strukturen von Wirtschaftsstandorten) – Entwicklung der Industrieregion Ruhrgebiet (Karte 4)

Gliederung des Kurzreferats

Einstieg:
- Abbau eines kompletten Stahlwerkes in Dortmund (ThyssenKrupp) und Wiederaufbau in der Nähe von Shanghai in China im Jahr 2003
- Symbol für die Globalisierung und den endgültigen Strukturwandel des größten altindustriellen Raums in Deutschland
- Vorstellen des Referataufbaus

Hauptteil:

Erläuterung der Ursachen und Folgen des Strukturwandels in altindustriellen Räumen Deutschlands (Beispiel: Ruhrgebiet)

- **Begriffserklärungen**
  - **Strukturwandel:**
    - hier: regionaler Strukturwandel
    - Veränderung der relativen Anteile der Wirtschaftssektoren im Zeitverlauf (im Ruhrgebiet: Bergbau/Industrie verliert an Bedeutung)
    - Wandel hin zur Dienstleistungsgesellschaft; Zäsurcharakter
  - **altindustrielle Räume:**
    - Regionen, die vom Rückgang früher Wachstumsindustrien („paläotechnische Industriezweige" wie Bergbau und Schwerindustrie) betroffen sind
    - meist frühe Industrialisierung

- gekennzeichnet durch Monostruktur, Wettbewerbsschwäche, Umweltbelastung, Arbeitslosigkeit, Abwanderungstendenzen, unzureichende Infrastruktur
  - **Ruhrgebiet:** Region an der Ruhr; größter urbaner Agglomerationsraum Deutschlands
- **Ursachen des Strukturwandels im Ruhrgebiet**
  - Ausgangssituation: Deindustrialisierung durch Krise der Montanindustrie
  - Kohlekrise (Ende der 1950er-Jahre): fehlende Wettbewerbsfähigkeit und zunehmende Konkurrenz auf dem Weltmarkt; Bedeutungsverlust von Kohle im Vergleich zu anderen Energieträgern; starke Absatzeinbußen → Schließung von Zechen
  - Stahlkrise (Ende der 1960er-Jahre): mangelnde Wettbewerbsfähigkeit und zunehmende Konkurrenz auf dem Weltmarkt; Substitution durch andere Werkstoffe → Stilllegung von Hochöfen und Stahlwerken
  - Krise der Verbundwirtschaft und allgemeine Strukturkrise
  - Monostruktur und zögerliches Handeln von Politik und Wirtschaft
- **Folgen des Strukturwandels im Ruhrgebiet**
  - Massenarbeitslosigkeit und Abwanderung
  - Deindustrialisierung: Ab- bzw. Rückbau der Montan- und Schwerindustrie
  - Reindustrialisierung: Versuche der Ansiedlung „ruhrgebietsfremder" Betriebe
  - Tertiärisierung: Veränderung der Beschäftigtenstruktur zugunsten der Dienstleistungen

Beschreibung des Projekts *CreativRevier Heinrich Robert* in Hamm

- **Ausgangssituation**
  - aufgegebenes Bergwerk in Hamm
  - seit 2010 Industriebrache
- **Bebauungsplan**
  - Nutzung als Kulisse für kulturelle Veranstaltungen (Beispiel *ExtraSchicht 2019*)
  - in Planung: Szeneviertel *CreativRevier Heinrich Robert,* Gewerbeflächen, Wohnraum, Renaturierung

Bewertung des Projekts aus ökonomischer, ökologischer und sozialer Sicht
- **ökologische Perspektive:**
  - keine negativen Aspekte
  - Beseitigung/Sicherung von Altlasten im Erdreich (+)
  - Flächenrecycling mittels Renaturierung durch Anlage von Grünflächen (+)
  - Fokus auf regenerative Energiegewinnung (+)
  - Erschließung und Anbindung an wichtige Rad- und Fußwege zur umweltfreundlichen Fortbewegung (+)
- **ökonomische Perspektive:**
  - hohe Investitionskosten, bei Scheitern evtl. Verlust von Steuergeldern (–)
  - Abhängigkeit von privaten Investoren und deren Interessen (Stichwort: halböffentliche Räume; Schaffung von lediglich hochpreisigem Wohnraum; Gentrifizierungsprozesse in unmittelbarer Umgebung) (–)
  - Inwertsetzung des Industriegebäudeensembles (+)

- Sicherung eines diversifizierten Arbeitsplatzangebots im Dienstleistungssektor; „Tertiärisierung" (+)
- Sicherung von Arbeitsplätzen und Steuereinnahmen (+)
- **soziale Perspektive:**
  - erhöhte Belastung der Anwohner während Bauphase und bei geplanten kulturellen Großveranstaltungen (–)
  - Ausschluss bestimmter Teile der Bevölkerung durch voraussichtlich hochpreisiges Freizeit- und Immobilienangebot (–)
  - Schaffung eines vielfältigen Kultur- und Freizeitangebots (+)
  - Aufwertung der bestehenden Wohngrundstücke in unmittelbarer Umgebung und der Verkehrsinfrastruktur (+)
  - Zugang zu Industriekulturdenkmälern als öffentlichen Räumen (+)
  - Imagegewinn (+)
- **Fazit**
  - insgesamt positive Bewertung des Projekts bei langfristiger Sicherung der Investitionen, vollständiger Beseitigung bzw. Sicherung der Altlasten sowie bei Bedacht auf Interessenausgleich zwischen alten und neuen Anwohnern, Gewerbetreibenden und Investoren

Schluss:
- trotz und wegen des Strukturwandels: Metropole Ruhr als Wachstums- und Zukunftsregion Europas
- Gründe dafür: zentrale Lage, hohe Einwohnerzahl, großes Potenzial an qualifizierten Arbeitskräften, gute Verkehrsinfrastruktur und zahlreiche wichtige Bildungseinrichtungen

---

Kurzreferat

Im Jahr 2003 vollzog sich auf dem Gelände der sogenannten West- **Einstieg**
falenhütte, einem Stahlwerk von ThyssenKrupp in Dortmund, ein
bemerkenswerter Vorgang, der beispielhaft für die Veränderungen
steht, welche das Ruhrgebiet und andere altindustrielle Räume
Deutschlands seit einigen Jahrzehnten prägen: Chinesische Arbeiter
zerlegten die komplette Anlage, um sie anschließend in der Nähe
von Shanghai wieder aufzubauen und in Betrieb zu nehmen. Dieser
größte Umzug eines Betriebes in der Industriegeschichte führt den
sogenannten Strukturwandel ganz konkret vor Augen.
Inwiefern? Die Antwort auf diese Frage ist Inhalt der folgenden Aus- **Aufbau des**
führungen, die eben jenem Transformationsprozess altindustrieller **Referats**
Räume auf den Grund gehen und dessen Ursachen sowie Folgen erläutern. Zudem wird vor diesem Hintergrund das Projekt *Creativ-
Revier Heinrich Robert*, das exemplarisch für die erfolgreiche Gestaltung des Strukturwandels steht, vorgestellt und aus unterschied-

lichen Perspektiven beleuchtet. Als allgemeines Raumbeispiel soll das Ruhrgebiet dienen, da es sich hierbei um den größten und bedeutendsten altindustriellen Raum Deutschlands handelt und sich das *CreativRevier Heinrich Robert* dort befindet.

Unter dem Begriff **Strukturwandel** versteht man eine häufig regional auftretende Veränderung der relativen Anteile der drei Wirtschaftssektoren im Zeitverlauf. Diese geht oft mit einschneidenden sozio-ökonomischen Eingriffen einher („Zäsurcharakter"). Es kommt dabei zu einer Verschiebung der Berufsstrukturen innerhalb sowie zwischen den Sektoren, häufig ausgelöst durch den Bedeutungsverlust einstmals wichtiger Wachstumsindustrien, welche im weiteren Verlauf als Altindustrien oder paläotechnische Industriezweige bezeichnet werden. Im Fall des Ruhrgebiets vollzog sich der Wandel weg von der Montanindustrie (Bergbau sowie Kohle- und Stahlindustrie) hin zur Dienstleistungsgesellschaft.

Hauptteil
Begriffserklärungen:
– Strukturwandel

Als **altindustrielle Räume** werden Regionen bezeichnet, die sehr stark vom Rückgang früherer Wachstumsindustrien gezeichnet sind. Merkmale dieser Räume sind u. a. eine Industrialisierung, welche bereits früh einsetzte, eine wenig diversifizierte Wirtschaftsstruktur, also Monostruktur, eine ausgeprägte Wettbewerbsschwäche, eine hohe Umweltbelastung sowie eine hohe Arbeitslosenquote und Abwanderungstendenzen. Außerdem ist die Infrastruktur dieser Räume oft unzureichend bzw. veraltet.

– altindustrielle Räume

Das **Ruhrgebiet**, das exemplarisch für eine Reihe von Montanrevieren mit ähnlich gelagerten Problemen steht, ist Deutschlands größter urbaner Agglomerationsraum mit ca. 5,3 Mio. Einwohnern. Es befindet sich in Nordrhein-Westfalen. Sein Kernbereich liegt zwischen den Städten Duisburg und Dortmund und es ist begrenzt durch die Flüsse Rhein im Westen, Lippe im Norden und Ruhr im Süden.

– Ruhrgebiet

Wie viele altindustrielle Räume ist der häufig als „Kohlenpott" bezeichnete Ballungsraum geprägt durch seine frühe Industrialisierung, die bereits Mitte des 19. Jahrhunderts mit der Erschließung der Steinkohlelagerstätten einsetzte. Ab Mitte des 20. Jahrhunderts kam es zu einem starken Verdrängungswettbewerb und die Kommunen des Ruhrgebiets wurden gezwungen, die überholten und schnell veraltenden wirtschaftlichen, gesellschaftlichen und ökologischen Strukturen grundlegend zu verändern. Ausgangspunkt für diese erzwungenen Veränderungen war die Krise der Montanindustrie, welche letztendlich zu einer großflächigen Deindustrialisierung des Ruhrgebiets führte, wie das einleitend genannte Beispiel zeigt.

Ursachen des Strukturwandels
Ausgangslage

Zunächst setzte die sogenannte **Kohlekrise** Ende der 1950er-Jahre ein. Die Nachfrage nach Kohle sank und damit auch die Preise. Verantwortlich dafür war zum einen die vermehrte Substitution des

Kohlekrise Ende der 50er-Jahre

78

Energieträgers Kohle durch Erdöl und Erdgas. Zum anderen mangelte es der Steinkohle aus dem Ruhrgebiet an Wettbewerbsfähigkeit. Billige Importkohle aus anderen Regionen des Weltmarkts mit deutlich günstigeren Produktionskosten ließen die Nachfrage nach Ruhrkohle sinken, was zu starken Absatzeinbußen führte. Zechenschließungen waren die Folge.

Darüber hinaus kam es Ende der 1960er-Jahre zur **Krise der Stahlindustrie**, welche direkte Auswirkungen auf die Nachfrage nach Kohle hatte. Durch den Prozess der Verkokung wird aus Kohle Koks gewonnen, welches zur Eisen- und Stahlerzeugung benötigt wird. Eine sinkende Nachfrage nach Eisen- und Stahlprodukten hat also einen geringeren Bedarf an Kohle zur Folge. Ähnlich wie bei der Kohle lagen auch die Ursachen für die Stahlkrise in der immer stärker werdenden Konkurrenz der internationalen Stahlproduzenten auf dem Weltmarkt. Günstigere Produktionskosten von Stahl aus Schwellenländern und stetig sinkende Transportkosten überforderten die Stahlerzeuger des Ruhrgebiets. Auch die Substitution von Stahl durch andere Werkstoffe, wie z. B. Aluminium im Fahrzeugbau oder Keramik und Kunststoffe, ließen die Nachfrage weiter sinken, was die Stilllegung zahlreicher Hochöfen und Stahlwerke nach sich zog.

Stahlkrise Ende der 60er-Jahre

Erschwerend kam die **Monostruktur** der Industrie des Ruhrgebiets hinzu. Die einseitige Ausrichtung nahezu der gesamten Wirtschaft auf den Verbund der Montan- und Schwerindustrie machte den Wirtschaftsraum extrem abhängig von diesen Industriezweigen. Das Resultat war eine tiefgreifende Strukturkrise, bei der das wirtschaftliche Wachstum fast völlig zum Erliegen kam.

Monostruktur

Verschärft wurde die Situation durch das **zögerliche Handeln der politischen und wirtschaftlichen Akteure**. Anstatt sich diesem Wandel durch Innovationen und Anpassungen an die neue Marktsituation frühzeitig zu stellen, verfolgte der Staat eine protektionistische Strategie, getragen von Importzöllen und -quoten. Auch gab es bis Mitte der 1960er-Jahre keine Universität im Ruhrgebiet, welche innovative Impulse hätte setzen können. Dies alles machte den notwendigen Strukturwandel zu einem späteren Zeitpunkt umso schwieriger.

zögerliches Handeln von Politik und Wirtschaft

Die **Folgen** dieser Entwicklungen waren Massenarbeitslosigkeit, Abwanderung und das Entstehen von Industriebrachen. Es folgte die Phase der **Deindustrialisierung**, in welcher ein Großteil der Montan- und Schwerindustriebetriebe ab- bzw. rückgebaut wurden. Gleichzeitig versuchte man durch **Reindustrialisierung** die Ansiedlung ruhrgebietsfremder Branchen umzusetzen, um so die Arbeitsplatzverluste im Bereich der Montan- und Schwerindustrie aufzufangen. Als Beispiele können hier die Elektroindustrie und der Fahrzeugbau angeführt werden, so z. B. die Gründung eines Opelwerks in Bochum in den 1960er-Jahren. Anfang der 1970er-Jahre begann

Folgen des Strukturwandels

dann ein Umdenken. Die traditionellen Unternehmen im Ruhrgebiet entwickelten sich immer mehr zu spezialisierten (Hoch-)Technologiekonzernen (z. B. Herstellung von Spezialstahl statt Massenfertigung) und es setzte langsam eine grundlegende Veränderung der Beschäftigtenstruktur zugunsten der Dienstleistungen ein, welche man unter dem Begriff der **Tertiärisierung** zusammenfassen kann. In diesem Zusammenhang galt es, neue Nutzungsmöglichkeiten für die nun brachliegenden Industriekomplexe zu finden. Dabei spielen heute die Bereiche Forschung (z. B. Biotechnologie, Telekommunikation, IT) und Bildung (z. B. Universitäten, Technologiezentren, Labors) sowie die Kultur- und Freizeitwirtschaft eine tragende Rolle.

Ein anschauliches Beispiel für eine solche Umwidmung ehemals industriell genutzter Räume stellt das Projekt *CreativRevier Heinrich Robert* dar. Auf dem Gelände des im Jahr 2010 endgültig aufgegebenen Bergwerk Ost in Hamm im östlichen Ruhrgebiet soll neben dem neuen Szeneviertel *Heinrich Robert* Platz für Gewerbe, Wohnen und Renaturierungsmaßnahmen geschaffen werden. Geplant ist der Raum als Kulisse für verschiedene kulturelle Veranstaltungen wie Konzerte, Kunstausstellungen und Unterhaltungsevents. Gleichzeitig sollen in unmittelbarer Nähe bis zu 1 000 neue Arbeitsplätze sowie Wohnraum für zahlreiche Menschen entstehen.

Beschreibung:
Projekt *Creativ-Revier Heinrich Robert*

Aus **ökologischer Sicht** ist dieses Projekt ausschließlich positiv zu bewerten. Für die Folgenutzung ist es unabdingbar, kontaminierte Bereiche des Gebiets zu säubern. Durch die Anlage einer Grünfläche auf dem ehemaligen Zechengelände werden weite Teile des 55 Hektar großen Areals „recycelt" und finden u. a. als Grillplatz, Hunde- und Wildblumenwiesen sowie als Skulpturenpark neue Verwendung. Zudem liegt ein Fokus des Projekts auf regenerativer Energiegewinnung durch Photovoltaikmodule sowie durch die Nutzung von Grubengas, sodass ein Beitrag zum Klima- und Ressourcenschutz geleistet wird. Auch die Anbindung des Geländes an wichtige Rad- und Fußwege zur umweltfreundlichen Fortbewegung unterstreicht den ökologischen Anspruch des Projekts.

Bewertung des Projekts
ökologische Aspekte

Bei der Bewertung der ökonomischen sowie der sozialen Perspektive muss angemerkt werden, dass es nicht immer möglich ist, diese beiden Bereiche trennscharf voneinander abzugrenzen. Aus **ökonomischer Sicht** sind zunächst einige problematische Aspekte zu nennen. Die voraussichtlich hohen Investitionskosten werden mehrheitlich von privaten Investoren geleistet. Damit verbunden ist eine gewisse Abhängigkeit von deren Interessen. Durch die Schaffung von halb-öffentlichem Raum sowie durch die Entstehung von Wohnimmobilien, die voraussichtlich ausschließlich im Hochpreis-

ökonomische Aspekte

segment angesiedelt sein werden, kann einer Gentrifizierung Vorschub geleistet werden. Eine Partizipation des sozial schwächeren Teils der Bevölkerung würde somit erschwert. Darüber hinaus könnte ein Scheitern des Projekts Verluste von Steuergeldern zur Folge haben, da auch der Staat durch Fördermaßnahmen beteiligt ist. Dennoch bietet das Vorhaben auch ökonomische Chancen. Es kommt zu einer Inwertsetzung des Industriegebäudeensembles, wodurch diese imposanten Industriekulturdenkmäler der Öffentlichkeit zugänglich gemacht werden. Durch die Schaffung eines diversifizierten Arbeitsplatzangebots im tertiären Sektor werden zudem Arbeitsplätze und Steuereinnahmen langfristig gesichert und so ein direkter Beitrag zur Bewältigung des Strukturwandels geleistet.

Aus **sozialer Sicht** sind zunächst einmal die bereits erwähnten möglichen Gentrifizierungstendenzen zu nennen. Es ist zu erwarten, dass bei einer erfolgreichen Umsetzung des Projekts die Immobilienpreise sowie die Mieten in unmittelbarer Umgebung zum Areal *Heinrich Robert* steigen. Somit kann ein Verdrängungsprozess einsetzen, der das gegenwärtige Sozialgefüge der umliegenden Viertel beeinflusst. Außerdem stellen die Arbeiten am Projekt selbst sowie einige der zukünftig geplanten kulturellen Veranstaltungen eine erhöhte Lärmbelästigung für die Anwohner dar. Demgegenüber steht die Schaffung eines vielfältigen Kultur- und Freizeitangebots, welches zu einem deutlichen Imagegewinn der Region beitragen kann. Nicht zuletzt profitiert der Raum von der zu erwartenden Verbesserung der Verkehrsinfrastruktur, womit auch eine Aufwertung der bereits vorhandenen Wohngrundstücke in unmittelbarer Umgebung verbunden ist. soziale Aspekte

Insgesamt fällt die **Bewertung des Projekts positiv** aus. Wichtig ist, eine langfristige Sicherung der Investitionen zu gewährleisten, um eine Fertigstellung des gesamten Projekts sicherzustellen. Wenn es zu einer erfolgreichen Beseitigung aller Altlasten auf dem Gelände kommt und auf einen fairen Interessenausgleich zwischen alten und neuen Anwohnern, Gewerbetreibenden sowie Investoren geachtet wird, hat das Projekt *CreativRevier Heinrich Robert* großes Zukunftspotenzial. Fazit

Das Beispiel zeigt, dass umsetzbare Lösungen für die Bewältigung des Strukturwandels im Ruhrgebiet existieren. Und obwohl die Erfolgsbilanz der Maßnahmen zur wirtschaftlichen Revitalisierung dieses Raums gemischt ausfällt – so liegt etwa die Arbeitslosigkeit im Ruhrgebiet immer noch klar über dem Bundesdurchschnitt –, kann festgehalten werden, dass die Region an der Ruhr trotz oder gerade wegen des Strukturwandels als Wachstums- und Zukunftsregion gilt. Die zentrale Lage im Herzen Europas, das große Poten- Schluss zial an mittlerweile gut qualifizierten Arbeitskräften, die gute Verkehrsinfrastruktur sowie zahlreiche bedeutende Bildungseinrichtungen bilden dafür das Fundament.

Mögliche Fragen zum Schwerpunktthema

1 *Anders als das Ruhrgebiet stellt sich der Großraum München als wirtschaftliche Boom-Region dar. Schildern Sie Gründe für den wirtschaftlichen Erfolg des Wachstumsraums München.*

- Wirtschaftsraum München als eine der wirtschaftsstärksten Regionen Europas
- sowohl bedeutender Versicherungs-, Finanz- und Medienstandort als auch wichtiger Wissenschafts- und Technologiestandort
- „Münchner Mischung": angesiedelt sind Großunternehmen und *Global Player* neben mittelständischen Unternehmen und Start-ups → diese Diversifizierung wirkt einer einseitigen Abhängigkeit von einzelnen Akteuren entgegen und macht den Raum so weniger krisenanfällig
- Wirtschaftsstandort München zeichnet sich zudem aus durch: geringe Arbeitslosenquote, geringer Anteil von Empfängern von Sozialleistungen, hohe Einkommen und hohe Kaufkraft
- hoher Anteil an Arbeitsplätzen im Hightech-Segment (Maschinen- und Fahrzeugbau, Elektrotechnik, Luft- und Raumfahrt, IT) und in gehobenen Dienstleistungen (FIRE-Sektor: Finance, Insurance, Real Estate)
- hoch qualifizierte Arbeitskräfte (renommierter Hochschulstandort durch LMU und TU)
- hohe Attraktivität des Standorts für Arbeitnehmer (sehr gutes Image, hoher Freizeitwert) und Arbeitgeber (Flächenverfügbarkeit im suburbanen Raum, Zentralität und hervorragende (Verkehrs-)Infrastruktur)
- anders als z. B. im Ruhrgebiet keine Altlasten durch Montan- und Schwerindustrie (staatliche Förderprogramme konnten und können sich auf Zukunftsbranchen konzentrieren, ein Strukturwandel musste nicht finanziert werden)

2 *Ein Strukturwandel vollzog sich auch in der Landwirtschaft Deutschlands. Schildern Sie diesen genauer.*

- Strukturwandel in der Landwirtschaft ist gekennzeichnet durch große technische Fortschritte und eine erhebliche Steigerung der Produktivität des Bodens sowie der Arbeitsleistung
- **Chemisierung** (Einsatz von Mineraldüngern und Pflanzenschutzmittel), **Mechanisierung** (Einsatz von leistungsfähigen Maschinen zur Bewirtschaftung der Nutzflächen) sowie **Spezialisierung** (Konzentration einzelner Betriebe auf wenige oder gar nur eine Nutzpflanze bzw. -tierart) tragen erheblich zur Effizienzsteigerung und zur Zunahme der Produktionsmengen bei (Stichwort Agroindustrie: Vorbild für betriebswirtschaftliche Organisation der Landwirtschaft sind Industriebetriebe)

- zudem Züchtung von ertragreicheren Tierrassen bzw. Kulturpflanzen, Maßnahmen der Flurbereinigung und eine Kapitalisierung der Produktion (hohe Investitionen zur Steigerung der Erträge)
- damit verbunden sind zum einen niedrigere Preise für Konsumenten (durch Überangebot), zum anderen eine Konzentration auf Großbetriebe bei gleichzeitiger räumlicher Konzentration auf besonders geeignete Standorte
- Anzahl der kleinen Betriebe sowie Anzahl der Beschäftigten in der Landwirtschaft nahm und nimmt stark ab
- Intensivierung verändert das Landschaftsbild und führt meist zu Boden- und Grundwasserbelastung sowie zu verstärkten Erosionsprozessen und einer schwindenden Artenvielfalt

3 *Das Ruhrgebiet ist Deutschlands größter urbaner Agglomerationsraum. Erörtern Sie das Zukunftspotenzial ländlicher Räume in Deutschland.*

Zum einen schwindendes Potenzial durch:
- Verlust traditioneller Arbeitsplätze in Landwirtschaft und Handwerk (siehe Strukturwandel der Landwirtschaft)
- „Entleerung" besonders peripherer ländlicher Gebiete (insbesondere Abwanderung gut qualifizierter, junger Menschen mit der Folge, dass Regionen überaltern)
- Reduzierung der vorhandenen Infrastruktur (Schließung von Geschäften des täglichen Bedarfs, Arztpraxen, Kindergärten, Bildungseinrichtungen, reduziertes Angebot des ÖPNV)
- Leerstand bei Gewerbe- und Wohnimmobilien
→ deutlicher Attraktivitätsverlust

Zum anderen Möglichkeiten zur Entwicklung durch:
- Konzentration auf touristische Erschließung (Voraussetzung: hoher Freizeitwert der Landschaft) sowie auf die Bereiche Gastronomie, Gesundheit und Wellness
- Vermarktung von regionaltypischen Produkten (z. B. biologische Landwirtschaft) bei gleichzeitiger Pflege der Kulturlandschaft
- Schaffung innovativer Geschäftsfelder im Bereich der regenerativen Energien (z. B. Solarparks, Windparks) und der Landschaftspflege
→ Erhalt bzw. Steigerung der Attraktivität des ländlichen Raums durch Konzentration auf nachhaltige Entwicklung

Fazit: ländliche Räume großer landschaftlicher Schönheit sowie ländliche Räume mit Nähe zu dynamischen urbanen Verdichtungsräumen haben insgesamt ein größeres Zukunftspotenzial

Lehrplanbereich	Raumstrukturen und aktuelle Entwicklungsprozesse in Deutschland (Kurshalbjahr 12/2)
Thema des Referats	Entwicklung in städtischen Räumen: Stadtentwicklung München

Aufgabenstellung

Beschreiben Sie die in dem Szenario (M 1) dargestellten Entwicklungen und gehen Sie dabei auch auf mögliche Ursachen der beschriebenen Prozesse ein. Entwickeln Sie schließlich Vorschläge, wie man heute (!) in der Stadtplanung vorgehen könnte, um die in dem Szenario dargestellten negativen Erscheinungen zu verhindern. Beziehen Sie in Ihre Überlegungen auch die Materialien M 2 und M 3 ein.

M 1 „München – charmant unsortiert“: Ein Szenario[1]

Die sozialwissenschaftliche Fakultät der LMU[2] hatte erst Ende 2038 eine Umfrage bei Münchner Studierenden gestartet unter der Leitfrage: Wofür steht München heute? Die Antworten fielen wenig eindeutig aus. Das Spektrum war so vielfältig wie die befragten Nationalitäten, aber die Ausprägung, die die höchste Zustimmung erfuhr, lautete
5 „Vielfalt mit Charme". Das trifft das Lebensgefühl in München im Jahr 2040 relativ gut. Die Stadt hat in den vergangenen Jahren nicht nur die für die Münchner Wirtschaft so wichtigen qualifizierten Fachkräfte angezogen, sondern auch jede Menge Menschen, die über geringe Qualifikationen und Kenntnisse verfügen. Allein hieraus resultiert schon ein gewaltiges Maß an Heterogenität, das die Stadt heute prägt.
10 Widersprüchlichkeiten finden sich an vielen Stellen. Da existieren sozial problematische und hochverdichtete Wohnviertel, in deren Erdgeschosszeilen sich hunderte unterschiedliche Cafés und Einzelhandelsgeschäfte finden, die auch von der kreativen Klasse gern besucht werden. Da finden sich zwei Straßen weiter Luxus-Penthäuser, die von Münchner Geschäftsleuten bewohnt werden, die ihr Geld mit börsennotierten
15 Hightech-Firmen gemacht haben. Da existiert der typische Münchner Mittelstand, der seit Generationen mit der Stadt verbunden und verwurzelt ist, neben den zahlreichen Arbeitsnomaden, die temporär in die Stadt kommen und die die Münchner Kultur nur als Tourismus-Attraktion wahrnehmen […].
Natürlich läuft ein solches Nebeneinander nicht immer konfliktfrei ab. Tatsächlich
20 sind wachsende Konfliktlinien zu beobachten, die meist von der Frage bestimmt werden, wem öffentlicher Raum zusteht und für welche Aktivitäten dieser in Anspruch

genommen werden kann. Insgesamt ist es der Stadt nicht gelungen, das Problem kontinuierlich steigender Immobilienpreise bei gleichzeitig reduziertem Flächenangebot in den Griff zu bekommen. Fehlende Regularien haben der Immobilienspekulation viel
25 Raum gelassen und treiben in vielen Vierteln die Haus- und Mietpreise in schwindelerregende Höhen. Immer weniger Flächen im öffentlichen Raum stehen somit für Erholung und Bewegung zur Verfügung [...]. Vor allem Menschen, die eine Familie gründen, kehren München häufig den Rücken und suchen ihr Glück lieber woanders. Andere haben sich mit der Situation arrangiert und genießen die vielfältigen kulturel-
30 len Möglichkeiten, die die Stadt bietet. Dazu zählen die über die Jahre organisch gewachsenen polyzentrischen Strukturen, ein hoher Grad an innerer Sicherheit trotz stark heterogener Bevölkerungsstruktur, sowie ein dynamischer Arbeitsmarkt und ein vergleichsweise hohes Maß an individueller Gestaltungsfreiheit. Die Stadt lässt ihren Bürgerinnen und Bürgern viel Freiraum zur Entfaltung, solange man sich an die Spiel-
35 regeln hält, die das friedliche Zusammenleben regeln.
[...] Selbst im Verkehrssektor ist der Anteil konventionell betriebener Fahrzeuge und damit auch der von ihnen beanspruchte Flächenbedarf in München nach wie vor hoch. Zwar existieren neben einem vergleichsweise gut ausgebauten öffentlichen Personennahverkehr viele elektrische Fahrzeuge, die teilautonom im Sharing[3]-Betrieb betrieben
40 werden. Allerdings wurden die Effizienzgewinne durch das dynamische Bevölkerungswachstum und die sinkenden Transaktionskosten[4] wieder aufgehoben. Plötzlich konnten sich auch Menschen mit geringem Einkommen wieder mehr motorisierten Individualverkehr leisten [...].
Münchens Wirtschaft hat sich ganz überwiegend auf die neuen Verhältnisse einge-
45 stellt. Vor allem die Kreativwirtschaft, aber auch die Softwareindustrie hat sich in den vergangenen Jahrzehnten hervorragend entwickelt, weil diese schnelllebigen Industrien die Potenziale des globalen Erwerbsnomadentums am besten abschöpfen können. Besonders größere Unternehmen leiden allerdings unter der hohen Fluktuation auf dem Arbeitsmarkt, wozu die exorbitanten Wohnungspreise einen wesentlichen Beitrag leis-
50 ten. [...]

Quelle: Landeshauptstadt München, Referat für Stadtplanung und Bauordnung: Perspektive München, Zukunftsschau München 2040+, Szenario-Prozess und Werkstattreihe, S. 44–45

Anmerkungen

1 Bei dem vorliegenden Szenario handelt es sich um eines von drei Szenarien, die im Rahmen des von der bayerischen Landeshauptstadt initiierten Projekts *Zukunftsschau München 2040+* erarbeitet wurden. Die Szenarien sollen darstellen, wie sich München bis ins Jahr 2040 und danach entwickelt haben könnte.
2 Ludwig-Maximilians-Universität München
3 Beim Car-Sharing teilen sich mehrere Nutzer ein Fahrzeug.
4 Kosten, die durch die Benutzung des Marktes, also im Zusammenhang mit der Transaktion von Verfügungsrechten (z. B. Kauf, Verkauf, Miete) entstehen

Monatliche Miete für ein Zimmer in einer Wohngemeinschaft in deutschen Universitätsstädten

So viel fürs WG-Zimmer

Monatliche Miete für ein WG-Zimmer in Deutschland einschließlich Nebenkosten in Euro

Die teuersten Hochschulstädte*

München	**560 Euro**
Frankfurt am Main	**460**
Hamburg	**430**
Stuttgart	**425**
Berlin	**420**
Ingolstadt	**413**
Köln	**400**
Düsseldorf	**395**
Freiburg im Breisgau	**389**
Ludwigsburg	**387**

Die günstigsten Hochschulstädte*

Kaiserslautern	**257**
Hildesheim	**254**
Leipzig	**250**
Erfurt	**250**
Magdeburg	**250**
Halle (Saale)	**240**
Cottbus	**231**
Chemnitz	**222**
Ilmenau	**210**
Freiberg; Mittweida**	**204**

*mit je mindestens 5 000 Studierenden (insgesamt 91 Standorte)

**gemeinsame Erhebung für den Landkreis Mittelsachsen

Quelle: Moses Mendelssohn Institut, GBI/wg-gesucht.de
(Hochschulstädte-Scoring 2016)   Stand Herbst 2016   © **Globus** 11307

Quelle: dpa-infografik

SEI EIN DEGENTRIFIKATOR!

München ist, als eine der teuersten Städte Deutschlands, das Paradebeispiel für Gentrifizierungsprozesse und war somit die erste Wahl für den Start des „UNESCO"-Pilotprojekts SEI EIN DEGENTRIFIKATOR!

Denn: „Mit explodierenden Miet- und Lebenskosten werden kultureller Reichtum und pulsierende und vielfältig sozial integrierende Nachbarschaften in sterile urbane Wüsten verwandelt, die sich nur noch die gehobene Schicht leisten kann." so Cornelia Joseph, Pressesprecherin der Aktion. Dafür wurden an verschiedenen gentrifizierungsgefährdeten Plätzen in München „Degentrifikator"-Baukästen installiert, ähnlich den Defibrillatoren an U-Bahnsteigen.

Quelle: Giulia Gangl: Jetzt die Gentrifizierung stoppen – mit der UNESCO und orangefarbenen Baukästen, Mucbook vom 07.07.2017, https://www.mucbook.de/gentrifizierung-muenchen-unesco-degentrifikator/

Ein blau-orangefarbener Kasten, platziert an einer Straßenkreuzung, befüllt mit Wehrhaftigkeiten, überzogen mit dem Schriftzug „Degentrifikator". In ihm finden sich Spraydosen, Pflanzensamen und Brettspiele. Diese Utensilien sollen den Münchnern im Kampf gegen das Schreckgespenst Gentrifizierung helfen, das ihre Stadt einzunehmen droht. Die Aktivisten der Degentrifikator-Kästen nutzen den Namen der UNESCO, um ihrer Aktion mehr Authentizität zu verleihen. Es sind zahlreiche öffentliche Aktionen, die gegen die Gentrifizierung kämpfen: Die Aktivisten wehren sich gegen steigende Mieten, protestieren gegen die Homogenisierung ganzer Stadtviertel oder demonstrieren gegen soziale Ungleichheit. […]

Quelle: Désirée Balthasar: Können Genossenschaften die Gentrifizierung aufhalten? Baumeister – Das Architektur-Magazin vom 06.11.2017, https://www.baumeister.de/koennen-genossenschaften-die-gentrifizierung-aufhalten/

Lösungsvorschlag

Der Aufbau des Referats ergibt sich aus der Aufgabenstellung. Die Operatoren geben dabei die Schwerpunkte vor. Sinnvoll ist es, zu Beginn den Prüfern die **eigene Vorgehensweise** (Aufbau/Gliederung des Referats) **vorzustellen**. Dies zeigt im besten Fall, dass der Prüfling überlegt und durchdacht vorgeht – erleichtert es aber auch den Prüfern, dem Vortrag zu folgen, was sich positiv auf die Bewertung auswirken kann.

Als **Einstieg** zum Referat empfiehlt sich die kurze Erläuterung der in M 1 dargestellten Situation. Insbesondere die Tatsache, dass es sich bei M 1 um ein Zukunftsszenario (2040) handelt, sollte Erwähnung finden.

Der **Operator „beschreiben"** aus der ersten Teilaufgabe entspricht dem Anforderungsbereich I (Reproduktionsleistungen) und verlangt, dass Informationen aus den vorliegenden Materialien in ihren Zusammenhängen und schlüssig dargelegt werden. Um alle wesentlichen Inhalte des Textes zu erfassen, bietet es sich an, die im Szenario dargestellten Entwicklungen zu gliedern, z. B. in die Bereiche soziale Strukturen, Wohnen, Verkehr und Wirtschaft. Obwohl der Text M 1 die Grundlage für die Beschreibung bildet, werden auch eigene Kenntnisse zum Thema „Stadtentwicklung und deren Ursachen" vorausgesetzt.

Die Formulierung **„gehen Sie dabei ... ein"** ist im engeren Sinn kein Operator. Das Darlegen von Ursachen für die beschriebenen Entwicklungen entspricht aber dem Anforderungsbereich II (Reorganisations- und Transferleistungen) und fordert hier die Verknüpfung von im Text angesprochenen Ursachen und eigenen Kenntnissen aus dem Geographieunterricht. Auch die Materialien M 2 und M 3 können hier bereits in das Referat einbezogen werden.

Der **Operator „entwickeln"** entspricht dem Anforderungsbereich III (Reflexion und Problemlösung). Wichtig ist, dass Sie bei der Bearbeitung dieser Teilaufgabe **strukturiert** vorgehen. Die in M 1 beschriebenen negativen Entwicklungen bilden die Basis für die Ausführungen. Ein Konzept zur Stadtentwicklung im eigentlichen Sinn ist hier wegen der Komplexität des Themas nicht zu erwarten. Zusammenhänge der Vorschläge zur Optimierung sollen jedoch im Ansatz deutlich werden. Spätestens in diesem Teil des Referats sollten Sie auch die Materialien M 2 und M 3 einbeziehen. Der Schwerpunkt des Referats liegt auf dieser Teilaufgabe.

Als **Abschluss** empfiehlt es sich, die Brücke zwischen tatsächlich bereits stattfindenden Entwicklungen und dem dargestellten Szenario zu schlagen. Das Referat zeigt, dass die „Vision" eines modernen Münchens gar nicht so weit von der heutigen Realität entfernt ist.

Themenspezifische Atlaskarten

- Diercke Weltatlas, S. 46: Alpenvorland – Wirtschaft/Naherholungsraum
- Diercke Weltatlas, S. 47: München – Hightech-Standorte (Karte 1),
  Kulturzentrum (Karte 2), Innerstädtische Erholung und Freizeit (Karte 3)
- Haack Weltatlas, S. 57: Deutschland (Entwicklung und Strukturen von
  Wirtschaftsstandorten) – Standortverlagerung im städtischen Wirtschaftsraum
  (Karte 6), Hightech-Standorte im Raum München (Raum 7)

Gliederung des Kurzreferats

Einstieg:
- große Bedeutung der Stadtentwicklung Münchens für alle Akteure
- Kurzgliederung des Referats

Hauptteil:

Beschreibung der dargestellten Situation und Darlegung der Ursachen
- **soziale Strukturen:**
  - positiv dargestellte Grundsituation
  - großes Maß an Heterogenität und Nationalitätenvielfalt (Ursache: jahrzehntelange Zuwanderung)
  - hohes Maß an individueller Gestaltungsfreiheit
  - hoher Grad an innerer Sicherheit (Ursache: gelungene Stadtpolitik und relativ großer Wohlstand aller)
  - sozioökonomische Segregation (Ursachen: Zuwanderung unterschiedlich qualifizierter Arbeitskräfte, unterschiedliches Bildungsniveau)
  - vielfältige kulturelle Möglichkeiten
  - Konflikte um Nutzung des öffentlichen Raums: Mangel an Flächen insbesondere für Erholung und Freizeit
- **Wohnen:**
  - polyzentrische Strukturen machen das Leben in den unterschiedlichsten Stadtvierteln attraktiv
  - sozial problematische Wohnviertel mit Tertiärisierungstendenzen (Cafés, Einzelhandel), aber auch Gentrifizierung
  - steigende Immobilienpreise, explodierende Mietpreise (Ursache: reduziertes Flächenangebot) → Abwanderung von Familien und Suburbanisierung
- **Verkehr:**
  - hoher Anteil konventionell betriebener Fahrzeuge trotz gut ausgebautem öffentlichem Nahverkehr
  - viele elektrische Fahrzeuge, die im Car-Sharing-Betrieb genutzt werden
  - steigender motorisierter Individualverkehr

89

- **Wirtschaft:**
  - börsennotierte High-Tech-Firmen/Softwareindustrie, aber auch Kreativwirtschaft und eingesessener Münchener Mittelstand
  - Zuwanderung von qualifizierten Fachkräften, aber auch viele nicht bzw. gering qualifizierte Arbeitskräfte
  - dynamischer Arbeitsmarkt → positiv das Angebot betreffend, aber auch Ursache für/Folge von „Arbeitsnomadismus"
  - v. a. größere Unternehmen leiden unter hoher Fluktuation (Ursache: hohe Mietpreise)

Negative Entwicklungen bis 2040 und Vorschläge zur Optimierung
- **Grundkonflikt**
  - Raumknappheit und Flächenkonkurrenz zwischen den städtischen Nutzungsformen
  - Vorgehen:
    - Partizipation und Mitbestimmung der Bürger
    - Transparenz bei Planung und Finanzierung neuer Projekte
- **Wohnen**
  - negative Entwicklungen: steigende Immobilienpreise, explodierende Mietpreise, Immobilienspekulationen
  - Vorschläge zur Optimierung:
    - insgesamt: Erhalt der Strukturen, die das Leben in München attraktiv machen
    - Förderung des (sozialen) Wohnungsbaus
    - erleichterter Zugang der „ärmeren" Bevölkerung zu Krediten für den Erwerb einer eigenen Immobilie
    - Regulierung des Immobilienmarkts, um Finanzspekulationen und ausufernde Gentrifizierung zu verhindern
    - Mietpreisregulierung, ohne Investoren zu verprellen
- **Verkehr**
  - negative Entwicklungen: großer Flächenverbrauch, viel motorisierter Individualverkehr
  - Vorschläge zur Optimierung:
    - Förderung der Elektromobilität
    - Reduzierung von Emissionen durch Förderung des ÖPNV
    - Schaffung bzw. Erhalt von größeren Grünflächen, um die Emissionen konventionell betriebener Fahrzeuge auszugleichen
    - Reduzierung des Flächenverbrauchs
    - Reduzierung der Pendlerverflechtungen durch Bildung von Subzentren
- **Wirtschaft**
  - negative Entwicklungen: hohe Fluktuation (aufgrund von exorbitanten Wohnungspreisen)
  - Vorschläge zur Optimierung:
    - Unterstützung von Arbeitskräften z. B. durch Wohnzuschuss (v. a. der nicht bzw. gering qualifizierten Arbeitskräfte, die oft auch Geringverdiener sind)
    - Schaffung von Expansionsflächen für die Wirtschaft, dadurch auch Entlastung der Wohnsituation in der Innenstadt

- kostenlose Nutzung des ÖPNV als finanzieller Ausgleich
- Reduzierung von „Arbeitsnomadismus" durch Aufbau von Subzentren

Schluss:
- Bezugnahme auf die Fiktionalität des dargestellten Szenarios, aber auch auf dessen Realitätsnähe
- bereits existierenden und ggf. zukünftig entstehenden Problemen bei der Stadtentwicklung kann entgegengewirkt werden
- Erkennen der Probleme und frühzeitiges Handeln ausschlaggebend

---

Kurzreferat

München gehört deutschlandweit zu den sich am rasantesten entwickelnden Städten und hat Bedeutung weit über die Grenzen Deutschlands hinaus. So kommt es nicht von ungefähr, dass sich Stadtplaner, Wissenschaftler, Politiker und nicht zuletzt die Einwohnerinnen und Einwohner Gedanken um die Entwicklung der Stadt – ihrer Stadt – machen. In M 1 wird beschrieben, wie sich **München im Jahr 2040** entwickelt haben könnte bzw. von seinen Bewohnern gesehen werden könnte.

Einstig

M 1: Zukunfts-szenario für 2040

Im folgenden Referat werden zunächst die in dem Szenario dargestellten Entwicklungen beschrieben, auch unter Einbeziehung möglicher Ursachen. Dabei sollen die Aspekte „soziale Strukturen", „Wohnen", „Verkehr" und „Wirtschaft" angesprochen werden. Im zweiten Teil, auf dem der Schwerpunkt des Referats liegt, werde ich schließlich Vorschläge machen, wie man heute in der Stadtplanung vorgehen könnte, um die in dem Szenario vorgestellten negativen Erscheinungen zu verhindern.

Kurzgliederung des Referats

Was bereits heute für München gilt, zeigt auch das Szenario für 2040: Die Stadt bietet ein großes kulturelles Angebot, aber auch individuelle Gestaltungsmöglichkeiten der Bürgerinnen und Bürger und – dank einer entsprechenden Stadtpolitik – einen relativ **hohen Grad an innerer Sicherheit** und einen verhältnismäßig **hohen Wohlstand** aller. Polyzentrische Strukturen machen das Leben in unterschiedlichen Stadtvierteln attraktiv. In dem Szenario wird von einer Stadtbevölkerung ausgegangen, in der – bedingt durch die jahrzehntelange Zuwanderung – eine große **Vielfalt an Nationalitäten** herrscht. Bereits ansässige ethnische Gruppen bieten ihrerseits einen Anlaufpunkt für weitere Zuwanderer, sind im geographischen Sinn also ein Pullfaktor. Die Zuwanderung ist nicht nur ethnisch, sondern auch die Bildung und die berufliche Qualifikation betreffend uneinheitlich. Qualifizierte Fachkräfte stehen unqualifizierten oder gering qualifizierten Arbeitskräften gegenüber. Angenommen werden kann,

Hauptteil
Situation im Jahr 2040 und Ursachen dafür
soziale Strukturen:

heterogene Bevölkerung

dass sich das auch im Stadtbild in Form von sozioökonomischer Segregation zeigt. Ursachen für die Zuwanderung sind, neben den bereits genannten, ein hohes Maß an Gestaltungsmöglichkeiten und eine offene Gesellschaft.

Die **Heterogenität der Bevölkerung** spiegelt sich auch im Bereich „Wohnen" wider. Sozial problematische Wohnviertel, teilweise auch durch Tertiärisierung geprägt (z. B. Einzelhandel oder Cafés in den Erdgeschossen großer Wohnkomplexe), finden sich auf der einen Seite. Auf der anderen Seite werden Wohnviertel gentrifiziert, also „aufgewertet". Nicht zuletzt in diesen Vierteln steigen die Immobilienpreise, was geradezu **explodierende Mietpreise** nach sich zieht. Die steigenden Immobilien- und Mietpreise sind damit zugleich Ursache und Folge von **Raumnutzungskonflikten**, die das städtische Leben in München prägen. Spekulationen um Grund und Immobilien sowie ein mehr und mehr reduziertes Flächenangebot verschärfen die Situation zusätzlich. Finanziell schwächere Glieder der Gesellschaft, wie Familien, der alteingesessene Mittelstand, Geringverdiener und sozial Schwache, sehen ihre Zukunft deshalb oft außerhalb der Stadt, was zur Suburbanisierung beiträgt.

Angesprochen wird in dem Szenario auch die zukünftige **Gestaltung der Mobilität**. So wird der Elektroantrieb im Jahr 2040 laut dem Szenario eine weit weniger wichtige Rolle spielen, als heute angenommen wird. Eine Ursache dafür könnte neben den Kosten für die Anschaffung neuer Elektrofahrzeuge auch das Festhalten an „Fahrtraditionen" sein. Verschiedene Car-Sharing-Modelle werden heute schon gut angenommen. Laut M 1 wird sich dieser Trend noch weiterentwickeln, z. B. durch den Einsatz teilautonomer, elektrischer Fahrzeuge im Car-Sharing. Trotz des gut ausgebauten öffentlichen Nahverkehrs wird der **Anteil an motorisiertem Individualverkehr hoch** bleiben, was den Konflikt um Flächen (etwa um Parkflächen im Innenstadtbereich) zusätzlich anheizt. Hohe Immobilien- und Mietpreise machen auch Garagen und Stellplätze teuer – wenn sie überhaupt zur Verfügung stehen.

Münchens **Wirtschaft** wird 2040 ebenso vielfältig sein wie die Bevölkerung der Stadt. Börsennotierte Hightech-Firmen und die Softwareindustrie stehen der Kreativwirtschaft und dem alteingesessenen Münchener Mittelstand gegenüber. Die **große Vielzahl namhafter Unternehmen** zieht Arbeitskräfte an. Dabei stehen Fachkräfte auf der einen Seite und nicht bzw. gering qualifizierte Arbeitskräfte auf der anderen Seite. Neben dem großen Arbeitsplatzangebot trägt auch, wie oben bereits erwähnt, die Attraktivität Münchens zu deren Zuzug bei. Der **dynamische Arbeitsmarkt** ist zwar positiv für Arbeitgeber und viele Arbeitnehmer, hat aber auch einen stark ausgeprägten „Arbeitsnomadismus" zur Folge. „Arbeitsnomaden" identifizieren sich häufig weniger mit dem Ort, an dem sie leben, und

Wohnen:

fortschreitende Gentrifizierung

stark steigende Immobilien- und Mietpreise

reduziertes Flächenangebot

Verkehr:

untergeordnete Rolle von Elektroautos

Ausweitung des Car-Sharings

viel motorisierter Individualverkehr

Wirtschaft: vielfältige Unternehmenslandschaft

dynamischer Arbeitsmarkt

tragen dadurch kaum zu dessen Entwicklung bei. Außerdem ist der dynamische Arbeitsmarkt auch eine Ursache für die oben genannte Explosion der Miet- und Immobilienpreise. Diese wiederum verstärken die **hohe Fluktuation** auf dem Arbeitsmarkt, worunter viele Unternehmen leiden.

hohe Fluktuation

Im Folgenden sollen **Vorschläge** aufgezeigt werden, wie man heute in der Stadtplanung vorgehen kann, um die in dem Szenario vorgestellten negativen Erscheinungen zu verhindern.

Vorschläge zur Stadtplanung

Das **zentrale Problem** dürfte in Zukunft noch viel mehr als heute die **Flächenkonkurrenz** zwischen den einzelnen städtischen Nutzungsformen, also Wohnen, Verkehr, Wirtschaft und Freizeit, sein. Die Frage nach der Nutzung von öffentlichem Raum ist daher ganz zentral. Ein Ansatzpunkt in der Stadtplanung sollte sein, die **Bürgerinnen und Bürger**, so gut es geht, in den Planungsprozess einzubeziehen, sie also **partizipieren** zu lassen und in Entscheidungen zu integrieren. Vor allem gilt das natürlich für die Nutzung der Flächen, die der Gemeinschaft zur Verfügung stehen, so etwa innerstädtische Erholungsgebiete und Flächen für Freizeitaktivitäten. Wo keine direkte Partizipation der Bewohnerinnen und Bewohner möglich ist, sollten die Prozesse der Planung, aber auch die Finanzierung geplanter Projekte zumindest transparent gestaltet werden.

zentrales Problem: Raumknappheit und Flächenkonkurrenz

Was die Wohnsituation betrifft, gilt es zunächst, die positiven Aspekte zu bewahren. Dazu gehören z. B. die in weiten Bereichen gut erhaltene Bausubstanz oder der hohe Anteil an Grünflächen in der Stadt. Unübersehbar sind aber natürlich die **kontinuierlich steigenden Immobilien- und Mietpreise**. Wie M2 zeigt, sind schon heute die Mieten für ein Studentenzimmer in einer WG in München deutschlandweit die höchsten. So müssen Münchner Studierende durchschnittlich 560 € für ihr WG-Zimmer zahlen. Das sind immerhin 100 € mehr als in Frankfurt am Main, welches laut der Umfrage auf Platz zwei der teuersten Hochschulstädte rangiert. Viele Menschen wenden in München über 50 % ihres Einkommens für die Miete auf, worunter z. B. die in M2 angesprochenen Studierenden, aber auch Rentnerinnen und Rentner oder Familien mit Kindern leiden. Die Aufgabe der Stadt bzw. des Staates muss es nun sein, diesen Erscheinungen entgegenzuwirken oder sie zumindest abzuschwächen. Dies kann z. B. durch **sozialen Wohnungsbau** geschehen. Aber auch eine **Förderung des Wohnungsbaus** im Allgemeinen hilft dabei, die Situation zu entschärfen. Denn eine Vergrößerung des Immobilienangebots kann, wenn sie mit der Nachfrage Schritt hält, zu einer Entspannung des Mietmarkts führen. Zudem könnte Durchschnittsverdienern durch einen **erleichterten Zugang zu Krediten** der Erwerb einer eigenen Immobilie ermöglicht wer-

Wohnen:

steigende Immobilien- und Mietpreise

Förderung des (sozialen) Wohnungsbaus

Förderung des Erwerbs eigener Immobilien

den. Nicht zuletzt wäre es wichtig, den Immobilienmarkt zu regulieren. Finanzspekulationen treiben die Preise in die Höhe. Die **Gentrifizierung** erreicht immer mehr Stadtviertel. Eine Folge davon sind rasant steigende Mieten und eine damit verbundene demografische Umstrukturierung. Alteingesessene Bewohnerinnen und Bewohner werden verdrängt und müssen in günstigere Quartiere umziehen. Die neuen Mieterinnen und Mieter gehören den einkommensstarken Schichten an. Mit den Einwohnern verändert sich auch die wirtschaftliche Struktur der Viertel. Handel und tertiärer Sektor passen sich der „neuen" Bewohnerschaft an. Bezeichnend für die Situation ist, dass bereits heute die UNESCO mit ihrem Pilotprojekt „Sei ein Degentrifikator" in München eingreift. Eine ausufernde Gentrifizierung kann schnell zur Quelle für Unfrieden und soziale Konflikte werden. Der Verlust „kulturelle[n] Reichtum[s] und pulsierende[r] und vielfältig[er] sozial integrierende[r] Nachbarschaften" (M 3) soll durch das Projekt der UNESCO verhindert werden. Die Gentrifizierung wird also als ernsthafte Gefahr für bestehende soziale Strukturen gesehen. Die „Degentrifikator"-Baukästen der UNESCO, die an verschiedenen Plätzen Münchens aufgestellt wurden, enthalten z. B. „Spraydosen, Pflanzensamen und Brettspiele" (M 3). Dadurch soll gezielt das Tätigwerden der Bewohnerinnen und Bewohner angeregt werden. Das allein wird die explodierenden Mietpreise jedoch nicht bremsen. Daher sollte auch über **Mietpreisregulierungen** nachgedacht werden, die im Idealfall jedoch so vorgenommen werden, dass potenzielle Investoren sich nicht gänzlich zurückziehen.

> Auswirkungen der Gentrifizierung reduzieren

> Regulierung der Mietpreise

Das wesentliche Ziel im Bereich „Verkehr" muss die Reduzierung des motorisierten Individualverkehrs sein. Im Sinne einer geringeren Belastung durch Emissionen wäre die **Förderung der Elektromobilität** sinnvoll. Umsetzbar ist dies im Bereich des öffentlichen Verkehrs z. B. bei Bussen. Gegebenenfalls könnten aber auch die Bewohnerinnen und Bewohner der Stadt, die sich für Elektromobilität entscheiden, gefördert werden, etwa durch die kostenlose Nutzung von öffentlichen Parkflächen. Ganz allgemein sollte der weitere Ausbau des **öffentlichen Personennahverkehrs** sowie der Ausbau des Radwegenetzes vorangetrieben werden. Wichtig ist – auch im Sinne einer ökologischen Stadtplanung – der Erhalt von **Grünflächen**, um die Emissionen konventionell betriebener Fahrzeuge wenigstens teilweise auszugleichen. Insgesamt muss auf eine Reduzierung des **Flächenverbrauchs** für den Verkehr hingearbeitet und eine **Zersiedelung** durch die Verkehrsinfrastruktur vermieden werden. Nicht zuletzt ist eine Reduzierung der Pendlerverflechtungen möglich, indem man **Subzentren** bildet.

> Verkehr:

> Ausbau der Elektromobilität

> Förderung des ÖPNV

> Vermeidung der Zersiedlung

Im Text wird angesprochen, dass besonders große Unternehmen unter der **hohen Fluktuation** der Mitarbeiterinnen und Mitarbeiter leiden, welche wesentlich durch die hohen Wohnungspreise bedingt ist. Um diese Entwicklung zu stoppen, müssen sich Unternehmen, aber auch die Stadtverwaltung aktiv für **bezahlbare Wohnungen** einsetzen. So könnten Arbeitskräfte etwa durch einen Wohnzuschuss finanziell von ihrem Arbeitgeber unterstützt werden. Das könnte besonders nicht und niedrig qualifizierten Arbeitnehmern, die oft auch Geringverdiener sind, einen Anreiz bieten, dauerhaft bei einem Münchner Unternehmen zu bleiben. Ein ähnlicher Effekt könnte z. B. durch das Angebot einer **kostenlosen Nutzung des ÖPNV** erzielt werden. Für die Wirtschaft sollten **Expansionsflächen** außerhalb der Stadtgrenzen geschaffen werden, wodurch auch die Wohnsituation im Stadtzentrum entlastet werden würde.

Wirtschaft:
Eindämmung der hohen Fluktuation

Einsatz für bezahlbaren Wohnraum

Schaffung von Expansionsflächen

Die in M 1 aufgezeigte Situation ist ein Szenario, das ins Jahr 2040 blicken lässt. So futuristisch, wie die Jahreszahl vermuten lässt, ist das Dargestellte aber gar nicht. Vieles lässt sich heute bereits in München wahrnehmen. Beispiele hierfür sind die Ausdehnung der Stadt ins Umland, die Verkehrsproblematik oder die Knappheit von Wohnraum und die Gentrifizierung. Vieles erscheint nicht ungewöhnlich. Manches ist positiver, als man es erwarten würde, aber auch Probleme werden deutlich. Wie gezeigt wurde, kann diesen aber zumindest teilweise entgegengewirkt werden. Entscheidend ist, dass die **negativen Entwicklungen frühzeitig erkannt** und schon heute Maßnahmen ergriffen werden, um sie abzuschwächen. Denn keiner der genannten Vorschläge kann in aller Eile umgesetzt werden. Es bedarf immer einer gewissen Zeit, bis die Maßnahmen auch tatsächlich greifen und positive Ergebnisse zu erkennen sind.

Schluss
viele Entwicklungen schon heute erkennbar

frühzeitiges Agieren erforderlich

1 *Es gibt unterschiedliche Definitionen für den Begriff „Stadt": den statistischen, den rechtlich-historischen und den geographischen Stadtbegriff. Nennen Sie die Merkmale einer Stadt nach dem geographischen Stadtbegriff.*

- mit der Größe wachsender Bedeutungsüberschuss im Vergleich zum Umland, was das Angebot an Waren und an Dienstleistungen betrifft → Zentralität
- hohe Bevölkerungsdichte
- hohe Wohnstätten- und Arbeitsplatzdichte – von der Peripherie zum Zentrum zunehmend
- hohes Maß an künstlicher Umweltgestaltung
- hoher Grad an funktionsräumlicher Gliederung (Viertelbildung)
- meist Vorherrschen des tertiären Sektors und geringe bis keine Bedeutung des primären Sektors
- soziale und ethnische, in manchen Kulturräumen auch religiöse, Differenzierung bzw. Segregation der Bevölkerung
- Ausgangspunkt gesellschaftlicher, politischer und technologischer Innovationen
- hoher Grad an Mobilität
- stadttypisches generatives Verhalten (Kleinfamilien, Single-Haushalte, städtische Wohn-/Lebensformen)
- hohe Umweltbelastung
- Abhängigkeit von den Ressourcen des Umlandes (Nahrungsmittelproduktion, Erholungsräume, Verfügbarkeit von Raum im Rahmen der Suburbanisierung)
- je nach Staat unterschiedliche Mindesteinwohnerzahl (vgl. statistischer Stadtbegriff)

2 *Erklären Sie, was man unter einem Stadtmodell versteht. Stellen Sie dann ein Stadtmodell Ihrer Wahl kurz vor.*

- **Erklärung:**
  - Modell: vereinfachte, auf wesentliche Elemente reduzierte Darstellung der Realität
  - Stadtmodell: Merkmale eines bestimmten Stadttyps werden vereinfacht dargestellt
  - Modell orientiert sich i.d.R. an für einen bestimmten Kulturraum typischen Stadtmustern, d. h. die dargestellten Merkmale treffen auf die meisten Städte in dem jeweiligen Kulturraum zu
  - Ursache für die Gemeinsamkeiten sind ähnliche Voraussetzungen für den Städtebau, wobei religiöse und kulturelle Voraussetzungen ebenso eine Rolle spielen wie historische oder klimatische Faktoren

- **Beispiel:**
  - mögliche Beispiele: orientalische Stadt, US-amerikanisches Stadt, lateinamerikanische Stadt, sozialistische/sowjetische Stadt, chinesische Stadt, unterschiedliche mitteleuropäische Stadtmodelle (z. B. mittelalterliche Stadt, Stadt im Absolutismus/Residenzstadt, Industriestadt)
  - **orientalische Stadt:**
    - ▪ Aufbau ähnlich der mittelalterlichen mitteleuropäischen Stadt: im Zentrum die Moschee, in unmittelbarer Nähe die Souks (Bazar) als wirtschaftlicher Mittelpunkt der Stadt
    - ▪ daran anschließend Wohnviertel, häufig Sackgassengrundriss, teils religiös/ethnisch differenziert (Bsp. Mellah) teils Subzentren mit eigener kleiner Moschee
    - ▪ Häuser im Innenhofhaustyp
    - ▪ ringförmige Stadtmauer mit Toren an den Zufahrtsstraßen
    - ▪ Burganlage/Zitadelle in der Stadtmauer, teils auch im Bereich innerhalb der Mauern
    - ▪ seit der Kolonialisierung Erweiterung der Stadt um planmäßig angelegte (Schachbrettmuster) Vorstädte (Neustädte, *villes nouvelles*)
    - ▪ historische, kulturelle/religiöse Voraussetzungen: Lage in einem von Kriegen gekennzeichneten Gebiet (Stadtmauer, Sackgassengrundriss in den Wohnvierteln); Islam als Religion (Moschee), teils in Koexistenz mit Judentum und/oder Christentum (religiöse Segregation)

3 *„In der Bundesrepublik gibt es sowohl Wachstumsregionen als auch Schrumpfungsregionen, wobei die Tendenzen für eine Verschärfung dieser Entwicklung sprechen."*

Quelle: Winkel, Dr. Rainer: Wachstumsprobleme aufgrund fehlender Flächenreserven in Boom-Regionen. In: Das neue Wachstum der Städte. Ist Schrumpfung jetzt abgesagt? Regionale Herausforderungen unter unklaren demografischen Entwicklungsperspektiven, DGD in Kooperation mit BBSR vom 06.- 07.12.2018; https://dgd-online.de/wp-content/uploads/2018/12/Abstracts_131118.pdf

Mit München haben Sie sich bereits mit einer Wachstumsregion beschäftigt. Erläutern Sie nun kurz (!) an einem geeigneten Beispiel, wie es zu der Schrumpfung städtischer Regionen kommen kann und welche Folgen dieser Prozess nach sich zieht. Skizzieren Sie dann Vorschläge, wie mit dem dargestellten Schrumpfungsprozess umgegangen werden kann.

- **Beispiel:**
  - verschiedene Raumbeispiele aus den alten und aus den neuen Bundesländern sind vorstellbar, so z. B. altindustrielle Räume im Westen, wie das Rheinische Braunkohlerevier oder das Ruhrgebiet, oder heute strukturschwache Räume im Osten der Bundesrepublik, wie die Lausitz, Vorpommern oder die Hafenstadt Stralsund (siehe folgendes Beispiel)

- **Ursachen der Schrumpfung (Beispiel Stralsund):**
  - ursprünglich Hansestadt mit weit über die Region hinausgehender Bedeutung
  - seit der Industrialisierung bereits, v. a. aber seit DDR-Zeiten, kontinuierlich wachsende Bevölkerung bis auf ca. 75.000 im Jahr 1989
  - Schwerpunkte: Handel, Fischerei, fischverarbeitende Industrie, Schiffbau (Volkswerft), Tourismus
  - Probleme: Planwirtschaft seit Gründung der DDR bis 1989, nicht an Marktwirtschaft angepasste Produktionsweise (z. B. Überbeschäftigung, keine Marktorientierung)
  - mit Wiedervereinigung und Öffnung des Eiserenen Vorhangs zudem neue Konkurrenz in der Produktion aus dem deutschen Inland und aus dem Ausland
  - als Folge Arbeitslosigkeit, Schließung von Betrieben, Abwanderung; Abnahme der Einwohnerzahl um mehr als 20 % auf unter 60.000 im Jahr 2003
- **Folgen der Schrumpfung:**
  - Entstehung von Industriebrachen
  - weitere Abwanderung
  - Wohnungsleerstand und Verfall der Häuser (erschwerend kamen die zunächst häufig ungeklärten Eigentumsverhältnisse hinzu)
  - fehlende Steuereinnahmen
  - Abbau oder Verfall der Infrastruktur (weniger Schulen, Krankenhäuser, Geschäfte, Reduzierung des ÖPNV, Verfall von Verkehrswegen oder der Kanalisation usw.)
  - Auswirkungen auf die politische Landschaft der Region
- **Vorschläge:**
  - Diversifizierung und Weiterentwicklung der Industrie (Volkswerft, IT-Branche)
  - v. a. aber Tertiärisierung, z. B. Softwareentwicklung, IT-Messe; Life Science (Bsp. Hansekliniken)
  - Zusammenarbeit von Wissenschaft und Industrie, z. B. IT, Software (Bsp. Firma *adesso* am Hochschulcampus)
  - insbesondere Ausbau des Tourismus und der touristischen Infrastruktur (z. B. Reederei *Weiße Flotte*, Verbindung nach Rügen → Strelasundbrücke, Meeresmuseum usw.)
  - in Verbindung damit Altstadtsanierung, auch um die Attraktivität für Touristen zu steigern
  - jüngste Entwicklung: Inzwischen wieder leichtes Bevölkerungswachstum als Folge der genannten Maßnahmen

2. PRÜFUNGSTEIL

Themenbereich I	Die großen Kreisläufe (atmosphärische und ozeanische Zirkulation)

1 *Erklären Sie die Folgen unterschiedlicher Einfallswinkel der Sonnenstrahlen für die Temperatur auf der Erdoberfläche.*

- Einfallswinkel der Sonnenstrahlen wirkt sich in zweierlei Hinsicht auf die Temperatur der Erdoberfläche aus:
- **schräger Einfallswinkel:**
  - ▪ längerer Weg der Strahlung durch die Atmosphäre, dadurch größerer Energieverlust durch mehr Absorption bzw. Reflexion und Streuung eines Teils der Strahlung
  - ▪ zudem Verteilung der Strahlung auf eine größere Oberfläche → weniger Energie pro Flächeneinheit → geringere Temperaturerhöhung
- **steiler Einfallswinkel:**
  - ▪ kürzerer Weg durch die Atmosphäre, dadurch weniger Energieverlust
  - ▪ zudem Verteilung der Strahlung auf eine kleinere Fläche → mehr Energie pro Flächeneinheit → stärkere Temperaturerhöhung
- **Beispiele:**
  - ▪ hohe Breiten mit flachen Einfallswinkeln (in Polnähe) → Wärmemangel
  - ▪ niedere Breiten mit steilen Einfallswinkeln (in Äquatornähe) → Wärmeüberschuss

2 *Erläutern Sie, weshalb das Abschmelzen der polaren Eiskappen sowie die Rodung von Waldflächen zur landwirtschaftlichen Nutzung zu einer Erhöhung der Durchschnittstemperatur der Atmosphäre führen können.*

- Abschmelzen der polaren Eiskappen sowie die Rodung von Waldflächen bewirken eine Veränderung der Albedo der jeweiligen Oberflächen
- Abschmelzen der polaren Eiskappen:
  - ▪ Albedowert von Gletschereis (Schneeflächen) deutlich höher als der von Wasser → Wasserflächen absorbieren also deutlich mehr Sonnenstrahlung, Gletschereis reflektiert hingegen zwischen 30–45 % der einfallenden Sonnenstrahlung
  - ▪ dadurch verstärkte Erwärmung und weiteres Abtauen von Eismassen
  - ▪ positive Rückkopplung und letztendlich Abgabe von Wärme an die Atmosphäre → Erhöhung der Temperatur

- Rodung von Waldflächen:
  - ▪ Albedowert der Ackerflächen ebenfalls zumeist kleiner als der der ursprünglichen Waldflächen → verstärkte Absorption der einfallenden Strahlung und damit Erwärmung der Atmosphäre
  - ▪ zudem häufig Brandrodung → Eintrag von CO_2 als klimawirksames Gas in die Atmosphäre → Erhöhung der Temperatur

3 *Erläutern Sie die Vorgänge innerhalb der Hadley-Zelle als Teil der atmosphärischen Zirkulation.*

- Hadley-Zirkulation = tropische Passatzirkulation
- Lage: zwischen dem Äquator und dem 30. Breitengrad auf der Nord- und Südhalbkugel
- wichtiger Bestandteil der planetarischen Zirkulation
- thermisch bedingte Vertikalzirkulation zwischen dem subtropischen Hochdruckgürtel und der äquatorialen Tiefdruckrinne
- Entstehung:
  - ▪ ganzjährig intensive Sonneneinstrahlung am Äquator führt zu aufsteigenden Luftmassen und damit zur Ausbildung der äquatorialen Tiefdruckrinne in Bodennähe und des äquatorialen Höhenhochs
  - ▪ beim Aufstieg der feuchten Luftmassen kommt es zur Abkühlung und folglich zu einer starken Wolken- und Niederschlagsbildung
  - ▪ Begrenzung des Aufstiegs der Luftmassen durch die Inversion (Umkehr des Temperaturtrends) an der Tropopause (am Äquator bei ca. 15–18 km)
  - ▪ dadurch Ablenkung der Luftmassen polwärts nach Norden und Süden (Antipassate)
  - ▪ Höhe der Tropopause nimmt zu den Polen hin ab
  - ▪ dadurch sowie durch zunehmende Abkühlung der Luft mit steigender Entfernung vom Äquator wird ein Teil der Luftmassen bei ca. 30° N bzw. S zum Abstieg „gezwungen"
  - ▪ während des Abstiegs Erwärmung der Luftmassen und Wolkenauflösung (Wendekreiswüsten)
  - ▪ Ausbildung des subtropischen Hochdruckgürtels am Boden
  - ▪ infolge der Gradientkraft kommt es zum Druckausgleich zwischen dem subtropischen Hochdruckgürtel und der äquatorialen Tiefdruckrinne → Passatwinde
  - ▪ Zusammenfließen der Passate der Nord- (Nordostpassat) und Südhalbkugel (Südostpassat) an der innertropischen Konvergenzzone (ITC)
  - ▪ Ablenkung der Passate (Ostwinde) und Antipassate (Westwinde in der Höhe) durch die Corioliskraft
  - ▪ ITC folgt der jahreszeitlichen Wanderung des Zenitstands der Sonne

4 *Charakterisieren Sie geographische Besonderheiten küstennaher Regionen, die sich im Einflussbereich kalter Oberflächenströmungen befinden, und begründen Sie deren Entstehung.*

- Beispiele für kalte Oberflächenströmungen: Humboldtstrom vor der Westküste Südamerikas oder Benguelastrom, der vom Kap der Guten Hoffnung in nördlicher Richtung entlang der westafrikanischen Küste bis zum Äquator fließt
- Besonderheit küstennaher Regionen im Einflussbereich kalter Meeresströmungen: Entstehung sogenannter Küstenwüsten, d. h. hyperarider Gebiete in unmittelbarer Nähe zum Meer
- Atacama-Wüste (Humboldtstrom) sowie Namib (Benguelastrom) gehören zu den trockensten Regionen der Erde, mit einer an die extremen Bedingungen angepassten Flora und Fauna
- Entstehung der Küstenwüsten: kalte Meeresflächen verhindern hochreichende Konvektion (d. h. die Bildung aufsteigender, feuchter Luftmassen), die zu Niederschlag führen würde
- zusätzliche Verhinderung von Niederschlag durch beständig ablandig wehende trocken-warme Passatluftmassen, welche die kalte Meeresluft überlagern (Inversion)
- Entstehung von Nebel an der Unterseite der Inversion

Themenbereich II   Die Tropen

---

1 *Stellen Sie dar, durch welche Formen der kommerziellen Nutzung „Druck" auf die tropischen Regenwälder ausgeübt wird.*

- Holzwirtschaft: Interesse an wertvollen Tropenhölzern, Interesse an Holz für die Papierindustrie, als Baumaterial und zur Gewinnung von Holzkohle als Brennstoff
- Rodung von Regenwald zur Gewinnung wertvoller Rohstoffe (z. B. Erze)
- Rodung von Regenwald zur Schaffung von Weideland für die Viehwirtschaft (Fleischproduktion), zur Futtermittelgewinnung (Sojaanbau) sowie für die Palmölproduktion und den Anbau weiterer *Cash Crops* (Plantagenwirtschaft)
- Anlage von Stauseen (Beispiel Tucurui-Stausee in Brasilien) zur Gewinnung von Hydroenergie
- Rodungen zur Ausweitung von Siedlungsflächen und Infrastruktur

2 *Werten Sie das Thermoisoplethendiagramm aus und ordnen Sie es begründet einer Vegetationszone der Tropen zu. Verwenden Sie zur Bearbeitung der Aufgabe die farbige Abbildung auf den Farbseiten am Ende des Buches.*

Thermoisoplethendiagramm Belém

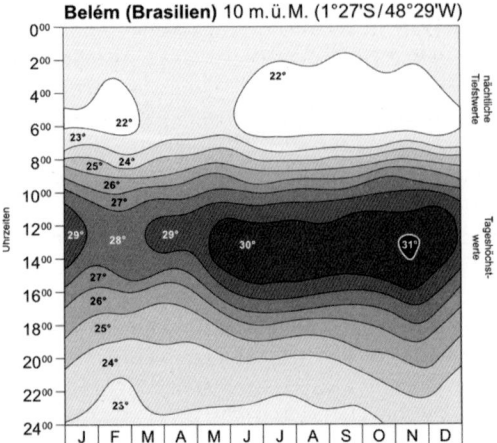

Quelle: Geo-Science-International/Wikipedia, CC0 1.0

Auswertung der zentralen Inhalte:
- eher waagrecht verlaufende Thermoisoplethen (Linien gleicher Temperatur)
- Tagesamplitude 6–8 °C (max. Unterschied zwischen niedrigster und höchster Temperatur innerhalb eines Tages, z. B. 12-Uhr-Wert und 6-Uhr-Wert im Januar)
- Jahresamplitude 1–3 °C (max. Unterschied zwischen niedrigster und höchster Temperatur innerhalb eines Jahres, z. B. 12-Uhr-Werte von Januar und Juli)
- ganzjährig hohe Temperaturen (stets > 20 °C)

Zuordnung:
Das Thermoisoplethendiagramm zeigt klar die Merkmale der inneren, immerfeuchten Tropen (Äquatornähe):
- deutlich ausgeprägte Gleichförmigkeit der Temperatur im Jahresverlauf mit größeren Tagesschwankungen als Jahresschwankungen → Tageszeitenklima
- ganzjährige Vegetationsperiode
- Lage von Belém (Brasilien) bei 1° 27' südlicher Breite
- zu vermuten sind ganzjährig relativ hohe Niederschläge mit höchstens drei regenarmen Monaten (geht aus M 1 allerdings nicht direkt hervor; Thermoisoplethendiagramme zeigen nur den Temperaturverlauf)

3 *Erläutern Sie Ursachen und Folgen der Desertifikation in der Sahelzone.*

- Prozess der Desertifikation → Ausbreitung wüstenähnlicher Landschaftsmerkmale und wüstentypischer natürlicher Prozesse besonders im Übergangsbereich von Savannen zu (Halb-)Wüsten

Ursachen:
- natürliche klimatische Einflüsse (z. B. Klimaschwankungen), welche z. B. längere Dürreperioden oder eine erhöhte Niederschlagsvariabilität bewirken können
- anthropogene (vom Menschen verursachte) Einflüsse in der Sahelzone, insbesondere:
  - ■ starkes Bevölkerungswachstum → Überschreitung der Tragfähigkeit und Übernutzung der natürlichen Ressourcen
  - ■ Überweidung durch zu große Viehbestände (besonders nach niederschlagsreicheren Perioden)
  - ■ Savannenbrände zur Verbesserung der Weidebedingungen
  - ■ Überbeanspruchung des Bodens durch ackerbauliche Übernutzung (z. B. unzureichende Brachezeiten → mangelnde Regeneration des Bodens)
  - ■ Ausweitung der landwirtschaftlichen Nutzfläche in eigentlich ungeeignete, ökologisch anfällige Gebiete (besonders nach niederschlagsreicheren Perioden)
  - ■ unangepasste Bewässerung (Oberflächen- bzw. Furchenbewässerung mit hohem Wasserverbrauch und Gefahr der Bodenversalzung)
  - ■ Rodung der spärlichen natürlichen Vegetation zur Gewinnung von Feuerholz sowie zur Herstellung von Holzkohle (Energieträger)

Folgen:
- Degradation der Vegetation (Abnahme der Biodiversität und vermehrtes Auftreten von Wüstenpflanzen)
- verstärkte Erosion
- vermehrtes Auftreten von Sandstürmen und Dünenbildung
- Degradation des Bodens mit abnehmender Bodenfruchtbarkeit und sinkenden Flächenerträgen
- Absenkung des Grundwasserspiegels und Bodenversalzung
- bei Seen: Absenkung des Wasserspiegels, Erhöhung des Salzgehalts und im Extremfall Gefahr der Austrocknung
- Hungersnöte, Abwanderung der Bevölkerung, soziale Konflikte

4 *Schildern Sie Möglichkeiten, um die Desertifikation in der Sahelzone erfolgreich zu bekämpfen.*

Maßnahmen zur Verringerung der Erosion und zur Konservierung der spärlichen Wasservorräte:
- sektorale Rotation bei der Naturweide (hilfreich bei extensiver Nutzung): bestimmte Bereiche werden in regelmäßigen Abständen viehwirtschaftlich genutzt mit ausreichenden Regenerationsphasen zwischen den Nutzungszeiträumen; allerdings nicht möglich bei Überweidung des Raumes
- Anlage von Baumkulturen zur Stabilisierung des Oberbodens durch Wurzelwerk (→ geringere Erosionswirkung) sowie zur Erhöhung der Wasserspeicherfähigkeit des Bodens
- Anlage von agro-forstwirtschaftlichen Nutzungszonen zum Schutz vor Erosion und zur Deckung des Holzbedarfs
- Anlage von Wällen aus Stein bzw. Dorngebüsch zur Verringerung von Bodenabtragung durch Wind
- regelmäßiges „Wandern" der Flächen für den Regenfeldbau zur Gewährleistung ausreichender Brachezeiten für die notwendige Bodenregeneration und die Regeneration der Grundwasservorräte

Maßnahmen zur angepassten Bewässerung:
- bei Bewässerung durch Tiefbrunnen: Einsatz effektiver, ressourcenschonender Bewässerungsmethoden (allerdings Know-how und oft erhöhter Kapitaleinsatz notwendig)

Maßnahmen der Entwicklungshilfe:
- Maßnahmen zur Verringerung des starken Bevölkerungswachstums (gesellschaftliche und politische Aufklärungsarbeit, Stärkung der Frauen)
- Bereitstellung von Know-how und finanziellen Hilfen zur effizienteren Wassernutzung

Themenbereich III   Die kalte Zone

1 *Erläutern Sie in Grundzügen das Geoökosystem der subpolaren Zone mit Blick auf Klima, Boden und Vegetation.*

Verortung/Abgrenzung der subpolaren Zone (vereinfacht):
- Grenze im Norden: ganzjährige Schneegrenze
- Grenze im Süden: 10 °C-Juli-Isotherme
- Übergang zwischen polarer und gemäßigter Klimazone

Klima:
- max. 3–4 Monate mit Durchschnittstemperaturen über 5 °C (Pflanzenwachstum)
- Niederschläge in der Regel unter 300 mm/Jahr
- ganzjährig humide Verhältnisse aufgrund geringer Verdunstung

- trockene und lange Winter, kurze Sommer
- kein ausgeprägter Jahreszeitenwechsel

Boden:
- physikalische Verwitterung dominiert
- keine intensive Bodenbildung
- saure, nährstoffarme Böden (Gleye)
- Permafrost und Frostmusterboden

Vegetation:
- Tundrenvegetation mit Kaltkeimern
- Artenarmut und kaum Bäume
- Biomasse mit hohem unterirdischem Anteil
- sehr langsames Wachstum
- sehr langsame Regeneration nach Schädigung der Vegetation

2 *Schildern Sie mögliche Probleme bei der Erschließung der subpolaren Zone zum Zwecke der Rohstoffgewinnung.*

- Umgang mit extremer Kälte in den langen Wintern → teure und energieintensive Versorgung erforderlich
- Permafrost zwingt beim Bau von Häusern und anderer Infrastruktur zu teuren ingenieurgeologischen Lösungen (Bau auf tiefreichenden Stelzen, welche in dauerhaft gefrorenem Boden verankert werden müssen; starke Isolierung von Warmwasserleitungen und Pipelines, um Auftauprozesse in unmittelbarer Umgebung zu verhindern, welche zu Schäden und Lecks führen können)
- Versorgung der Siedlungen und Abbaustätten in den Sommermonaten oft nur aus der Luft möglich aufgrund von Versumpfung bzw. des Tauens der Eiswege
- Beseitigung von Haus- und Industrieabfällen schwierig
- Nutzungskonflikte mit indigenen Völkern: u. a. Unterbrechung traditioneller Herdenwanderrouten durch Pipelines (Gefahr von Überweidung durch Konzentration von Rentierherden), Verlust von Traditionen, Zerstörung bzw. Einschränkung des Lebensraumes häufig verbunden mit Umsiedlung oder Sesshaftmachung

3 *Erläutern Sie mögliche Auswirkungen der globalen Klimaerwärmung auf die subpolare Zone.*

- Landsenkungen, verringerte Stabilität des Bodengefüges durch tiefgründigeres und längeres Auftauen des Permafrostbodens, Versumpfung → direkte Schäden an Infrastruktur (Gebäude, Verkehrswege, Pipelines, Industrieanlagen) und mögliches Trockenfallen von Trinkwasserreserven durch Schmelzen von Grundeis
- Verkürzung des Zeitraumes, in welchem die Tundraböden sowie die Eiswege (z. B. gefrorene Gewässer) hinreichend gefroren und somit befahrbar sind
- Änderung des Verlaufs der Permafrostgrenze: Verlauf zukünftig nördlicher; damit auch Verlagerung der Vegetationszonen

- Freisetzung von im Permafrostboden gebundenem Kohlenstoffdioxid und Methan durch Auftauprozesse → Verstärkung des Klimawandels durch positive Rückkopplung

4 *Indigene Polarvölker nutzen die Arktis als Lebensraum. Bewerten Sie weitere anthropogene Nutzungsformen der polaren Zone.*

Forschung:

pro:
- polarer Raum vom Menschen bisher kaum verändert bzw. nur wenig belastet → perfekte Bedingungen zur Erforschung der einzigartigen Ökosysteme sowie des Klimas (z. B. mithilfe von Eisbohrkernen) und globaler Zusammenhänge
- Forschungsstationen könnten zukünftige Besitzansprüche zur Rohstoffgewinnung erleichtern, da auf bereits vorhandene Expertise, Infrastruktur und Transportwege zurückgegriffen werden kann

kontra:
- sehr hohe Kosten für Bau und Betrieb der Forschungsstationen (meist finanziert durch Steuergelder)
- Beeinträchtigung des anfälligen Ökosystems durch Anwesenheit der Forscher
- Transport von Personen und Fracht durch Flugzeuge und Schiffe führt zu Lärmbelastung und Abgasen
- Entsorgung von Müll und Abwässern schwierig
- große Umweltgefahr durch Unfälle und Havarien → Schäden durch den Menschen bleiben mindestens für Jahrzehnte sichtbar

Bewertung:
- punktuell sinnvoll und von großer Strahlkraft
- internationale Zusammenarbeit wünschenswert, um Finanzierung zu erleichtern und Konflikten vorzubeugen

Tourismus:

pro:
- Botschafterfunktion der Touristen, welche die Besonderheit und Einzigartigkeit der polaren Ökosysteme erkennen, in die Breite tragen und somit politischen Druck zum Schutz dieser Gebiete ausüben können
- Stärkung des Bewusstseins für den Natur- und Umweltschutz, da touristische Unternehmungen in diese Gebiete oft als Bildungsreisen angelegt sind
- mögliche Einnahmequelle zur Finanzierung von Forschungsarbeit (z. B. Übernachtungen in Forschungsstationen)

kontra:
- Gefährdung von Flora und Fauna durch Präsenz der Touristen (Störung bei der Brut bzw. Aufzucht von Jungtieren, Zerstörung des Landschaftsbildes durch unangepasste Müllentsorgung, lange Sichtbarkeit menschlicher Spuren, da kaum Verwesungsprozesse stattfinden)
- Eingriff in extrem anfälliges Ökosystem

Bewertung:
- Nutzen sehr fragwürdig
- Reisen in die polare Zone aufgrund des extrem hohen Preisniveaus nur für sehr wohlhabende Teile der Bevölkerung möglich

Rohstoffgewinnung:
- gegenwärtig technisch sehr aufwendig und teuer bzw. verboten (z. B. durch Antarktis-Vertrag)
- extrem fragwürdig, da die Gefahr besteht, irreversible Schäden am Ökosystem anzurichten, z. B. durch Ölunfälle oder Havarien
- bei fortschreitender Klimaerwärmung erleichterte Zugänglichkeit arktischer Regionen → zukünftiges Konfliktpotenzial

Bewertung: Notwendigkeit internationaler Abkommen zum Schutz dieser fragilen Ökosysteme

Themenbereich I   Wasser als Lebensgrundlage

1

„Rund 70 Prozent des in Deutschland verbrauchten virtuellen Wassers stammt aus dem Ausland."

Quelle: Eike Zaumseil, Referent für Klima und Landwirtschaft bei „Brot für die Welt",
https://www.brot-fuer-die-welt.de/themen/virtuelles-wasser/

Erklären Sie in eigenen Worten, was man unter „virtuellem Wasser" versteht und setzen Sie sich kritisch mit der Aussage Zaumseils auseinander.

Definition:
– Wasser, das für die Herstellung einer Ware (landwirtschaftliche Produkte ebenso wie Industrieprodukte) oder das Erbringen einer Dienstleistung benötigt wird
– Beispiel: um ein Kilo Kaffee herzustellen, benötigt man ca. 21.000 Liter virtuelles Wasser

kritische Auseinandersetzung:
– virtuelles Wasser für den Verbraucher nicht sichtbar
– Problematik: Wenn 70 % des in Deutschland verbrauchten virtuellen Wassers aus dem Ausland kommen, muss davon ausgegangen werden, dass auch ein Teil der Produkte, in denen dieses virtuelle Wasser enthalten ist, aus Trockengebieten mit Wasserknappheit stammen.
– Produktbeispiele: Baumwolle (Aralsee, Ägypten) oder Südfrüchte (Israel)
– durch Konsum der Produkte tragen Verbraucher in Deutschland, oft ohne es zu wissen, zum Wasserverbrauch in Trockenräumen bei
– Bewusstmachung dieses Sachverhalts beim Kauf von Waren ist wichtig

2 *Beschreiben Sie die Darstellung kurz und legen Sie anhand von zwei sinnvoll ausgewählten regionalen Beispielen Ursachen des Wasserstresses dar. Verwenden Sie zur Bearbeitung der Aufgabe die farbige Abbildung auf den Farbseiten am Ende des Buches.*

Wasserstress: Wo wird das Wasser knapp?

Ab einem jährlichen **Verbrauch*** von 25 Prozent **der verfügbaren Wasserressourcen** spricht man von Wasserstress.

keine Werte 0   10 %   25   70

*einschließlich des Umweltwasserbedarfs   Quelle: Weltwasserbericht der Vereinten Nationen 2019

© dpa-infografik

Beschreibung:
– Karte zeigt den jährlichen Wasserverbrauch in den Staaten der Welt, anteilig gemessen an den jeweils verfügbaren Wasserressourcen
– einzelnen Staaten werden Prozentbereiche (bis 10 %, bis 25 %, bis 70 %, über 70 %) zugeordnet
– Wasserstress / Wasserknappheit vor allem in Staaten des subtropischen Trockengürtels
– Ausnahmen: z. B. Deutschland oder Polen

Ursachen:
Beispiel 1: im subtropischen Trockengürtel liegende Gebiete Nordafrikas
– natürliche Ursachen:
  ■ Lage im Gebiet der absinkenden trockenen Luftmassen der Passatzirkulation (Sahara als Wendekreiswüste) bzw. angrenzend daran
  ■ hohe Verdunstung
  ■ geringe Wasservorräte; teilweise fossiles Grundwasser, also endliche Vorräte
  ■ Auswirkungen des Klimawandels und zunehmende Desertifikation

111

- anthropogene Ursachen:
  - Bevölkerungswachstum in den betroffenen Staaten aufgrund hoher Geburtenraten (Entwicklungs-/Schwellenländer) → damit zunehmender Wasserverbrauch in Form von Trinkwasser, v. a. aber auch zur Bewässerung in der Landwirtschaft, um die wachsende Bevölkerung ernähren zu können
  - Verschmutzung des Wassers (teils keine oder mangelnde Klärung des Abwassers)
  - zum großen Teil traditionelle Bewässerungsverfahren, somit hoher Wasserverbrauch
  - z. T. zusätzliche Produktion für den Export (*Cash Crops*) → sehr wasserintensiv

Beispiel 2: Deutschland
- allgemeine Voraussetzungen:
  - klimatischer Gunstraum mit ausreichend Niederschlägen
  - hoch entwickelte Technik zur Wasserwiederaufbereitung
- anthropogene Ursachen:
  - hohe Bevölkerungsdichte
  - hoher Verbrauch pro Kopf aufgrund typischer Lebensgewohnheiten eines Landes mit hohem Wohlstand (duschen, waschen, spülen usw.)
  - hoher Wasserverbrauch in der Industrie (virtuelles Wasser; vgl. Aufgabe 1)
  - Belastung des Grundwassers und der Oberflächengewässer durch konventionelle Landwirtschaft (Düngemittel, Schädlingsbekämpfungsmittel) und Industrie (Abwässer, undichte unterirdische Tanks)

3 *Eine weltweit eingesetzte Form der Energiegewinnung ist die Nutzung von Wasserkraft an Stauseen. Nennen Sie exemplarisch ein großes Staudammprojekt und erläutern Sie die Problematik solcher Anlagen.*

Staudammprojekte:
z. B. Atatürk-Stausee in der Türkei, Dreischluchtenprojekt in China, Tucurui-Stausee in Brasilien, Assuan-Staudamm in Ägypten oder Narmada-Projekt in Indien

Problematik:
Zu beachten ist, ob sich der Stausee in einem wasserreichen Gebiet (z. B. Brasilien) oder einem durch Wasserknappheit gekennzeichneten Gebiet (z. B. Südost-Türkei) befindet und inwieweit Nachbarstaaten betroffen sind, da sich daraus unterschiedliche Problematiken ergeben, wie z. B.:
- Veränderung der Abflussverhältnisse, ggf. auch des Grundwasserspiegels
- Überschwemmung des Lebensraums von Pflanzen und Tieren mit entsprechenden Folgen, wie Absterben der Pflanzen, Entwicklung von Faulgasen/Treibhausgasen, Vernichtung der Wasserlebewesen, Auswirkungen auf Lebewesen im Oberlauf und Unterlauf der Flüsse
- Verlorengehen der Schwebfracht der Flüsse (am Nil z. B. Fehlen des fruchtbaren Flussschlammes in den ehemaligen Überschwemmungsgebieten, aber auch Sedimentation in den Stauseen mit entsprechenden Folgekosten)

- Überschwemmung von Siedlungsgebieten und Vertreibung/Umsiedelung der ansässigen Bewohner → Unzufriedenheit, Proteste, Existenzbedrohung
- Wandel der Agrarstrukturen (Agroindustrie zur Produktion von *Cash Crops* verdrängt Kleinbauern) → Einfluss auf die Sozialstruktur in betroffenen Gebieten
- Konflikte um Wassernutzung mit den Nachbarstaaten (Beispiel Atatürk-Stausee)
- hohe Verdunstung in heißen Regionen, v. a. in Trockengebieten (Assuan, Atatürk-Stausee)

4 *Ihnen ist die Bezeichnung „ökologischer Fußabdruck" bekannt. Legen Sie kurz dar, was man darunter versteht. Leiten Sie daraus ab, was man vermutlich unter dem „water footprint" versteht, und erschließen Sie, welche Größen auf diesen „Wasser-Fußabdruck" einen Einfluss haben dürften.*

Definitionen:
- ökologischer Fußabdruck: auf der Erde benötigte Fläche, um den Lebensstil und Lebensstandard eines Menschen dauerhaft zu ermöglichen
- „water footprint": Wassermenge, die benötigt wird, um den Lebensstil/-standard eines Menschen zu ermöglichen

Einflussgrößen auf den „water footprint":
- direkter Wasserverbrauch im Haushalt zum Waschen, Duschen, Spülen, Kochen
- Art der Ernährung (hoher Fleischkonsum führt z. B. zu höherem virtuellen Wasserverbrauch, ähnlich wie der Konsum von Milchprodukten oder Gemüse aus Bewässerungslandwirtschaft)
- Verbrauch bzw. Verschmutzung von Wasser durch Landwirtschaft und Industrie
- Verschmutzung von Trinkwasser durch Wasch-/Putzmittel

Themenbereich II	Rohstofflagerstätten und deren Nutzung

1 *Sie kennen die Begriffe „Ressourcen" und „Reserven". Erklären Sie im Sinne der Definition dieser Begriffe, inwieweit es möglich ist, dass bei einer gleichbleibenden Ressourcenmenge die Menge der Reserven steigt.*

Definitionen:
- Ressourcen: Menge aller Rohstoffe, sowohl der nachgewiesenen als auch der noch nicht entdeckten, gleich ob wirtschaftlich gewinnbar oder nicht
- Reserven: Teilmenge der Ressourcen, die nachgewiesen und wirtschaftlich gewinnbar ist
- Achtung: V. a. in der Literatur der Wirtschaftswissenschaften werden Reserven und Ressourcen bisweilen anders definiert. Darin gelten Reserven nicht als Teilmenge der Ressourcen, sondern sie werden als zwei nebeneinander existierende Mengen betrachtet.

Erklärung:
- Menge der Reserven kann innerhalb einer gleichbleibenden Menge an Ressourcen steigen, wenn …
  - weitere Rohstoffe, die wirtschaftlich gewinnbar sind, „entdeckt", also nachgewiesen werden.
  - weitere Rohstoffe, die bereits nachgewiesen sind, wirtschaftlich gewinnbar werden, z. B. durch eine größere Nachfrage, sodass der steigende Marktpreis einen höheren Förderaufwand wirtschaftlich rentabel macht, oder neue Methoden der Förderung eine wirtschaftliche Rentabilität ermöglichen.
- In beiden Fällen steigt damit per definitionem der Anteil der Reserven an den Ressourcen.

2

Sand wird knapp: Megastar der industriellen Zeit

Sand zum Bauen wird knapp auf der Welt:
Der Bauboom hat die Nachfrage verdreifacht!

Erläutern Sie in eigenen Worten, was die Ursachen dafür sein könnten, dass ein so häufiger und weltweit verbreiteter Rohstoff wie Sand „knapp" wird. Gehen Sie dann auf Probleme ein, die sich daraus ergeben können.

- Sand in erster Linie Baurohstoff zur Herstellung von Beton
- Bautätigkeit nimmt weltweit zu (z. B. in den Staaten am arabischen/persischen Golf, in aufstrebenden Schwellenländern wie China, Indien oder Brasilien, aber auch in den klassischen „Industrieländer") → Verknappung des Rohstoffes Sand
- Sand wird zudem für die Produktion von Glas, Kosmetika, Smartphones benötigt

Mögliche Probleme/Folgen:
- Preise könnten, zumindest regional, steigen, wenn die Nachfrage das Angebot übersteigt
- Transportwege werden länger, was negative Auswirkungen auf den Preis, aber vor allem auf die Umwelt hat
- verstärkte Förderung von Sand wirkt sich auf die Umwelt aus: Entstehung von Baggerseen und Kiesgruben, Abraum „fossiler" Dünen, Überformung der Landschaft, Veränderung von Flussgebieten usw.
- Veränderung der Landschaft wirkt sich auch auf Siedlungen und dort lebende Menschen aus → Regionen verlieren evtl. an Attraktivität für Anwohner und Touristen
- Alternativen zum Rohstoff Sand müssen gefunden werden, z. B. Recycling von Beton und Ziegeln

3 *Die nachstehende Grafik zeigt die Aluminiumpreisentwicklung der letzten Jahre. Legen Sie mögliche Ursachen dar, die zum Anstieg des Preises ab 2016 und zum Einbruch ab 2018 geführt haben könnten.*

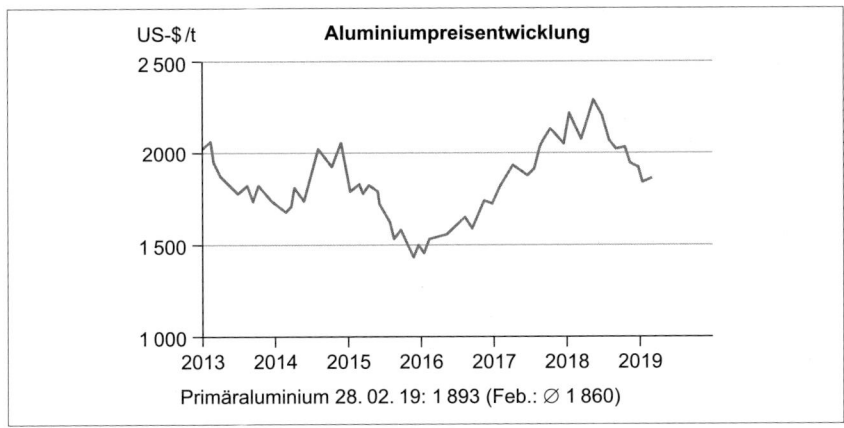

verändert nach: IKB Deutsche Industriebank/MBI

Anstieg ab 2016:
– Ursache für das Ansteigen von Rohstoffpreisen ist in der Regel eine steigende Nachfrage oder ein abnehmendes Angebot
– steigende Nachfrage könnte in der zunehmenden Verwendung von Aluminium (z. B. für Karosserie, Felgen, Motoren von Fahrzeugen) oder in der Steigerung der Produktion insgesamt begründet liegen
– auch Schwellenländer wie China dürften durch ihre steigende Produktion die Nachfrage erhöhen
– abnehmendes Angebot könnte mit abnehmenden Bauxit-Reserven zusammenhängen

Einbruch ab 2018:
– Einbruch ab 2018 könnte entweder an einer nachlassenden Nachfrage nach Primäraluminium oder dem zunehmenden Angebot des Materials liegen
– nachlassende Nachfrage nach Primäraluminium könnte in der zunehmenden Verwendung von recyceltem (Sekundär-)Aluminium begründet liegen, das v. a. in entwickelten Ländern vermehrt anfällt
– Grund dafür könnte aber auch die Verwendung von anderen Rohstoffen (z. B. Carbon) sein (= Substitution von Rohstoffen)
– Einbruch könnte auch mit einer sinkenden Produktion von Gegenständen aus Aluminium aufgrund weltwirtschaftlicher Probleme zusammenhängen

4   *„Ohne Energielieferungen aus dem Ausland geht in Deutschland nichts. Knapp zwei Drittel unseres Öls, Erdgases und unserer Kohle müssen wir importieren. "*

Quelle: Christoph Sackmann: Erdgas, Öl, Strom, Kohle: So abhängig ist Deutschland von Energie aus dem Ausland, Focus Online vom 27.02.2019, https://www.focus.de/immobilien/ energiesparen/kohle-oel-und-erdgas-im-check-nordstream-2-so-abhaengig-ist-deutschland-wirklich-von-russischer-energie_id_10310803.html

Nennen Sie die wichtigsten Exporteure der genannten fossilen Brennstoffe, die Deutschland beliefern. Machen Sie dann Vorschläge, wie man die Abhängigkeit, in der sich Deutschland befindet, verringern kann. Gehen Sie auch kurz auf die Probleme ein, die sich daraus ergeben können.

Hauptlieferländer:
- Erdöl: Russland, Großbritannien, Norwegen / Libyen / Kasachstan
- Erdgas: Russland, Norwegen, Niederlande
- Steinkohle: Russland, USA, Kolumbien, Polen

(Jeweils Platz 1 der Hauptlieferländer sollte jedem bekannt sein. Ggf. kann in der Prüfung der Geographie-Atlas zur Recherche herangezogen werden.)

Vorschläge zur Verminderung der Abhängigkeit und sich daraus ergebende Probleme:
- Einsatz eigener Rohstoffe → Problem: nur in sehr kleinem Rahmen möglich, da Bedarf wesentlich höher als Fördermengen
- Einsatz regenerativer Energien:
  - Anbau nachwachsender Rohstoffe (Biomasse, z. B. Raps, Mais und anderes Getreide, Elefantengras, Holz …) → Probleme: Monokulturen; Flächenkonkurrenz: Energieerzeugung vs. Nahrungsmittelproduktion
  - Import von nachwachsenden Rohstoffen (z. B. Bioethanol aus Zuckerrohr aus Brasilien) → Problem: nur bedingt ökologisch vertretbar wegen des langen Transportwegs
  - Nutzung von Windkraft → Probleme: Windkraft-Regelungen schränken Nutzung z. T. ein; aufgrund der ungleichen Windverhältnisse nicht überall nutzbar; Lärmbelästigung; Gefährdung von Vögeln und Fledermäusen
  - Nutzung von Sonnenenergie (Photovoltaik im großen Rahmen in Form von Photovoltaikfeldern oder im kleinen Maßstab auf Hausdächern) → Probleme: Ausbeute je nach Lage unterschiedlich hoch; v. a. im Winter keine Versorgungssicherheit; teils sehr hoher Flächenverbrauch
  - Nutzung von Wasserkraft (Stauseen, Laufwasser an Flüssen, Gezeitenkraftwerke usw.) → Probleme: nicht überall nutzbar; immer auch Eingriff in das Ökosystem, v. a. bei größeren Anlagen; in dicht besiedelten Regionen aufgrund des Flächenbedarfs nur teilweise umsetzbar
  - Nutzung von Erdwärme (Geothermie) → Problem: relativ hoher Aufwand bei der Installation
- Atomenergie → Probleme: Endlagerung; hohes Gefahrenpotenzial (Fukushima)
- Hausmüllverbrennung in Kraftwerken → Problem: basiert auf ökologisch fragwürdiger Produktion von brennbaren Verpackungsmaterialien (z. B. Kunststoffe aus Erdöl)

1 *Nennen Sie mögliche Folgen des Wintertourismus in den Alpen und machen Sie Vorschläge, wie man Tourismus in dieser Region umweltverträglicher gestalten könnte.*

Mögliche Folgen des Wintertourismus:
- Landschaftsverbrauch durch Erschließungsmaßnahmen (Wintersportinfrastruktur wie Seilbahnen, Lifte oder Pisten, Verkehrswege, sonstige Infrastruktur wie Hotels, Freizeitanlagen)
- Abholzung für Pisten und daraus resultierende fehlende Durchwurzelung von Hängen → steigende Erosionsgefahr (Muren) und Lawinengefahr
- Einsatz von Kunstschnee → Veränderung des Abflussverhaltens; Verzögerung des Ausaperns und damit Beitrag zum Aussterben von Pflanzen
- Störung der Fauna z. B. durch Skifahrer → erhöhter Energieverbrauch der Tiere; Chance, den Winter zu überstehen, sinkt
- Planierung von Hängen → Verdichtung des Bodens und des Schnees, spätere Schneeschmelze, Verkürzung des Vegetationszeitraums
- Beeinträchtigung des Landschaftsbildes durch Liftanlagen, Lawinenschutzbauten etc.
- Veränderung traditioneller Lebensformen, z. B. zunehmende Verdrängung der Almwirtschaft, Flächennutzungskonkurrenz
- Luftverschmutzung durch Reiseverkehr und Heizanlagen
- Lärmbelästigung durch Freizeiteinrichtungen, Musik am Berg, Verkehr
- Entsorgung von zusätzlichen Abwässern und Abfällen
- erhöhter Ressourcenverbrauch (Trinkwasser, Wasser für künstliche Beschneiung)

Vorschläge:
- Individualtourismus statt Massentourismus
- Rückbau von Skihängen; Rekultivierung
- ÖPNV, P + R-Verkehr vor Ort
- Erhaltung von Schutzflächen, die nicht touristisch genutzt werden dürfen
- Orientierung an den natürlichen Gegebenheiten, z. B. Skibetrieb nur bei ausreichenden (natürlichen) Schneemengen
- Information/Aufklärung der Gäste umweltgerechtes Verhalten betreffend
- umweltangepasste Raumordnungspolitik; Vermeidung von Zersiedelung
- Schaffung alternativer Einnahmequellen (Sommertourismus; andere Dienstleistungen)

2 *Beschreiben Sie knapp die Nachricht zum Alpentransit und das dazu gehörende Foto. Stellen Sie mögliche Gründe für die gezeigte Maßnahme dar und nehmen Sie dazu Stellung.*

Verkehr in den Alpen – kein Vor und kein Zurück
Warum Tirol den durchreisenden Urlaubern die Schleichwege sperrt [...]

29.06.2019 - 15.09.2019
jeweils Samstag
07:00 Uhr bis
Sonntag 19:00 Uhr
Fahrtziel Italien

© *Paul Kreiner StZN*

Beschreibung:
– Sperrung der „Schleichwege" in Tirol, also der Straßen, die genutzt werden, um überlastete und kostenpflichtige Strecken, wie Autobahnen, zu umgehen
– Sperrung für Pkws und Krafträder
– zeitliche Beschränkung auf das Wochenende
– gilt für Reisende mit Fahrtziel Italien

Gründe für die Maßnahme:
– Verringerung der Lärm- und Abgasbelastung für die Anwohner
– Vermeidung von Staus auf den Nebenstrecken und in Ortschaften
– Verhinderung des Umgehens der in Österreich anfallenden Autobahnmaut
– Aufwertung der Lebensqualität in den betroffenen Gebieten
– Erhaltung der Attraktivität der Regionen für potenzielle Urlauber

Stellungnahme:
– Maßnahme einerseits verständlich, um Anwohner in den betroffenen Gebieten zu entlasten und die Attraktivität der Gebiete für Touristen zu erhalten
– andererseits kommt es so zur Verkehrskonzentration auf ohnehin schon überlasteten Hauptstrecken und das gute Verhältnis zu Nachbarländern wird unter Umständen geschädigt
– andere Lösung für das Problem wäre eventuell zielführender, z. B. Verlegung des Güterverkehrs auf die Schiene, um auf Autobahnen Kapazitäten für Pkw-Verkehr zu schaffen

3

Mega-Erdbeben vor 20 Jahren –
Erdbeben könnten Istanbul unvorbereitet treffen

Vor 20 Jahren kostete ein Erdbeben in Izmit fast 20 000 Menschen das Leben. Im nahen Istanbul, wo 20 Millionen Menschen leben, würde ein solches Mega-Beben noch größeren Schaden anrichten, denn Behörden und Menschen sind schlecht vorbereitet.

Quelle: FAZ – AFP/DPA vom 17.08.2019, https://www.faz.net/aktuell/wissen/neues-mega-erdbeben-wuerde-istanbul-unvorbereitettreffen-16337999.html

Beschreiben Sie in wenigen Worten die Ursachen, die in dem angesprochenen Raum zu Erdbeben führen. Erläutern Sie dann kurz, wie sich die Bewohner der Region auf solche Naturereignisse vorbereiten können.

Ursachen für Erdbeben im Mittelmeerraum:
– mehrere Plattengrenzen treffen in diesem Gebiet aufeinander (Afrikanische, Eurasische, Arabische Platte; je nach Atlas werden weitere genannt, z. B. die Anatolische oder Moesische Platte)
– Erdplattenbewegungen, hier v. a. Horizontalverschiebung und Konvergenz, führen zu Erschütterungen (tektonische Beben)

Möglichkeiten der Vorbereitung:
– Aufklärung der Bevölkerung über Gefahren und über Möglichkeiten, sich zu schützen (z. B. Aufstellung von Möbeln in der Wohnung)
– Erarbeitung von Notfall- und Evakuierungsplänen
– Katastrophenschutzübungen in Schulen und Betrieben, aber auch bei Feuerwehr und Rettungsdiensten
– Bereithalten von Notfallgepäck bzw. Ausweisung von Notunterkünften für den Ernstfall
– Anbieten von Erste-Hilfe-Ausbildungen
– angepasste, erdbebensichere Bauweise (Pendel, Wasserbecken in Hochhäusern, seismische Isolation von Fundamenten durch Lager usw.)
– besonderer Schutz „gefährlicher" Einrichtungen (z. B. Atomkraftwerke)
– Einrichtung von Frühwarnsystemen (wie z. B. in Japan)

4 *Erklären Sie, was man unter Permafrostböden versteht, und stellen Sie begründet dar, welche Auswirkungen der Klimawandel auf die Permafrostgebiete hat.*

Erklärung/Definition:
- ganzjährig in mindestens einer Schicht gefrorener Boden der (Sub-)Polargebiete
- Boden, der in unterschiedlicher Mächtigkeit und Tiefe unter der Erdoberfläche für einen Zeitraum von mindestens zwei Jahren Temperaturen unter dem Gefrierpunkt aufweist
- Auftauen der oberen Schichten im Sommer (je nach Region und Temperaturen bis in unterschiedliche Tiefen)

Auswirkungen des Klimawandels:
Klimawandel wirkt sich v. a. dort auf den Permafrostboden aus, wo die Temperaturen steigen – in Gebieten, in denen die Temperaturen sinken, weitet sich Permafrostboden ggf. aus oder nimmt an Mächtigkeit zu, was z. B. auf Gebäude weniger Auswirkungen hat als das Ansteigen der Temperaturen
- Auftauschicht wird aufgrund steigender Temperaturen mächtiger
  - an den Permafrost angepasste Bauweise geht von der Situation zur Bauzeit aus; bestehende Bauwerke (Straßen, Pipelines, Gebäude) sinken ein, bekommen Risse usw.
  - arbeits- und kostenaufwendige Sanierungsmaßnahmen notwendig (Straßenbau, Pipelines)
  - aus Pipelines kann Erdöl/Erdgas austreten mit entsprechenden Folgen für die Umwelt
  - Gebäude müssen evakuiert, Wohnprovisorien geschaffen werden; Neubauten werden notwendig (Kosten, Arbeitsaufwand)
  - Sanierung/Neubau weit aufwendiger, da die Fundamente tiefer gegründet werden müssen als zuvor und in der Regel nur in den Wintermonaten, wenn die Bodenoberfläche fest ist, gebaut werden kann
- Auftauzeitraum verlängert sich
  - Zeitraum für Neubauten von Straßen, Gebäuden usw. wird kürzer
  - Zeitraum, in dem Gebiete mit Landfahrzeugen erreicht werden können, wird kürzer, was sich auf die Versorgung der dort lebenden Menschen auswirkt
- komplettes Verschwinden von Permafrostboden in bestimmten Gebieten
  - landwirtschaftliche Erschließung weiterer Gebiete möglich
  - bessere Erreichbarkeit von Rohstofflagerstätten
  - bergbauliche Erschließung möglich (damit positive Auswirkungen auf die Wirtschaft, aber negative auf die Umwelt)
- drohende „positive Rückkopplung" durch Ausstoß von Treibhausgasen (Freisetzung von gespeichertem Kohlenstoff und Methan aus dem Permafrostboden)
- Freisetzung von Quecksilber und Eintrag in Oberflächengewässer
- Verschiebung der Vegetation bzw. der Vegetationsgrenzen
- Ausbreitung neuer Arten (Flora und Fauna)

5 *Beschreiben Sie die Karikatur und nehmen Sie zu der darin enthaltenen Aussage Stellung. Verwenden Sie zur Bearbeitung der Aufgabe die farbige Abbildung auf den Farbseiten am Ende des Buches.*

© Gerhard Mester

Beschreibung:
– zum großen Teil überschwemmte Landschaft (versunkene Stadt, Kirchtürme, Hochhäuser und ein Fernsehturm ragen aus dem Wasser, einzelne „Inseln", ehemals wohl Hügel / Berge)
– vermutlich Folge des Meeresspiegelanstiegs aufgrund des Klimawandels
– auf einer Bank im Vordergrund sitzen ein erwachsener Mann und ein Kind, vermutlich Vater (oder Großvater) und Sohn
– Aussage des Vaters („Glaub mir! Wenn wir das alles gewusst hätten, damals …") suggeriert, dass die Elterngeneration vom Klimawandel und dessen Folgen völlig überrascht wurden
– Vater als Vertreter der Elterngeneration lehnt damit gleichzeitig die Übernahme der Verantwortung für den Klimawandel ab

Stellungnahme:
– Prozess des Klimawandels und dessen potenzielle Folgen angesichts des aktuellen Wissensstandes kaum mehr abzustreiten
– Menschen bereits heute vom Anstieg des Meeresspiegels betroffen (Bsp. Bangladesch)
– auch andere Folgen des Klimawandels (Bsp. Auftauen von Permafrostböden, vgl. Aufgabe 4) bereits erkennbar
– Klimawandel wird zum Teil durch natürliche Prozesse (Vulkanismus, solare Aktivitätsschwankungen, Änderungen der astronomischen Erdbahnparameter etc.) verursacht, trotzdem dürfen anthropogene Ursachen nicht ausgeblendet werden
– Elterngeneration kann diese Verantwortung nicht mit dem Hinweis auf „Unwissenheit" von sich schieben

| Themenbereich I | Merkmale und Ursachen unterschiedlicher Entwicklung |

1 *Woran zeigt sich Unterentwicklung? Nennen Sie verschiedene Entwicklungsdefizite.*

ökonomisch	Verschuldung, negative Handelsbilanz, Dominanz des Agrarsektors
ökologisch	Desertifikation, Überweidung, Ressourcenübernutzung
sozial	Traditionalismus, Benachteiligung der Frau, unzureichende Bildung
politisch	Korruption, *Bad Governance*, Bürgerkrieg
demografisch	Bevölkerungsexplosion, sehr junge Bevölkerung, geringe Lebenserwartung

2 *Erläutern Sie zwei unterschiedliche Ansätze, den Entwicklungsstand eines Landes zu messen, und nennen Sie jeweils zwei Probleme, die damit einhergehen.*

Messung des Bruttonationaleinkommens (BNE) pro Kopf
– Definition: Summe der Einkommen, die die Bürger eines Staates innerhalb eines Jahres erwirtschaftet haben, geteilt durch die Bevölkerungszahl
– einfache Anwendbarkeit (Einteilung der Länder in Länder mit niedrigem, mittlerem oder hohem Einkommen)
– **Probleme:**
  ▪ einseitiger Fokus auf wirtschaftliche Entwicklung
  ▪ fehlende Berücksichtigung des informellen Sektors

Messung des Human Development Index (HDI)
– Einordnung der Länder nach dem „Grad der menschlichen Entwicklung"
– Klassifikation der Staaten nach sozio-ökonomischen Kriterien
– Messung des Lebensstandards (Indikator: Bruttonationaleinkommen pro Kopf unter Berücksichtigung der Lebenshaltungskosten)
– Abbildung des sozialen Entwicklungsstandes durch Indikatoren aus den Bereichen Bildung (z. B. durchschnittliche und voraussichtliche Schulbildungsdauer) und Gesundheit (z. B. Lebenserwartung)
– **Probleme:**
  ▪ fehlende Berücksichtigung von Disparitäten innerhalb eines Landes
  ▪ keine Beachtung von Themen wie Umwelt oder Rechtsstellung der Frauen

3 *Beschreiben Sie die Grundannahmen der Modernisierungs- und der Dependenztheorie.*

Modernisierungstheorie
– Ursache der Unterentwicklung: im Land selbst liegende Entwicklungsdefizite → endogene Ursachen
– ungünstige bzw. traditionalistische sozioökonomische und politische Strukturen, z. B. das Kastenwesen in Indien oder die Subsistenzwirtschaft
– finanzieller Anschub bzw. Unterstützung von außen zur Überwindung der Defizite notwendig

Dependenztheorie
– Unterentwicklung als Folge der langen Abhängigkeit der Entwicklungsländer von den Industrieländern (z. B. während der Kolonialzeit) → exogene Ursachen
– Fortsetzung der früheren politischen Abhängigkeit z. B. in der heutigen wirtschaftlichen Abhängigkeit von transnationalen Konzernen
– Unterentwicklung deshalb nicht zwangsläufig und kaum aus eigener Kraft zu überwinden

4 *Geben Sie einen kurzen Überblick über wichtige Entwicklungsstrategien.*
– autozentrierte Entwicklung: Abkoppelung vom Weltmarkt zum geschützten Aufbau einer eigenen Industrie
– Strategie der Wachstumspole (Polarisationsstrategie): Schaffung und Ausbau ausgewählter Wachstumspole durch große Entwicklungsprojekte; dadurch Anregung von Entwicklungsimpulsen auch für andere Wirtschaftszweige
– Balanced-Growth-Strategie: Streuung der Investitionen auf viele Regionen, um den Prozess der Metropolisierung abzuschwächen und die regionalen Disparitäten auszugleichen
– Grundbedürfnisstrategie: Befriedigung der materiellen und immateriellen Grundbedürfnisse als Voraussetzung weiterer wirtschaftlicher Entwicklung
– nachhaltige Entwicklung, Hilfe zur Selbsthilfe: Fokus auf Einbeziehung der Menschen vor Ort und auf ökologische Aspekte
– Festsetzung von operationalisierbaren Entwicklungszielen, z. B. die *Millenium Goals*

5 *Der Bildung von Männern und Frauen kommt eine Schlüsselrolle für die Entwicklung eines Landes zu. Nehmen Sie zu dieser Aussage Stellung.*
→ **Zustimmung zur Aussage**
Gründe:
– sinkende Geburtenzahlen durch sexuelle Aufklärung → Abschwächung des ressourcenschädigenden Bevölkerungswachstums
– bessere hygienische Versorgung und medizinische Kenntnisse → Verringerung von Krankheiten und Säuglingssterblichkeit, höhere Lebenserwartung
– Senkung der gerade im südlichen Afrika sehr hohen HIV-Raten infolge der sexuellen Aufklärung und der Stärkung der Frauen

- Ermöglichung der Teilnahme am Erwerbsleben (auch von Frauen) → soziale Absicherung, Steigerung des Familieneinkommens
- Stärkung der Stellung der Frau insgesamt → wachsende Selbstbestimmung, höheres Bildungsniveau und daraus resultierendes späteres Heirats- bzw. Gebäralter

Themenbereich II   Bevölkerungsentwicklung und Verstädterung

1 *Beschreiben Sie Auswirkungen des Verstädterungsprozesses in Entwicklungsländern.*
- explosives Wachstum der Städte als Folge einer starken Landflucht
- Metropolisierung: starkes Wachstum der Primatstädte
- Entstehung von Marginalsiedlungen und Slums in den Großstädten
- Überlastung der städtischen Infrastruktur
- soziale und wirtschaftliche Fragmentierung der Städte
- wachsender informeller Sektor
- steigende Kriminalität

2 *Nennen Sie Push-Faktoren, die zur Landflucht in Entwicklungsländern führen, und erläutern Sie Folgeprobleme, die sich daraus für die ländlichen Räume ergeben.*
Push-Faktoren:
- Bevölkerungsdruck auf dem Land aufgrund hoher Geburtenraten
- Arbeitslosigkeit, z. B. aufgrund von Modernisierung und Technisierung der Landwirtschaft
- einseitiges Arbeitsplatzangebot, z. B. wegen der Dominanz des Agrarsektors
- unzureichende Infrastruktur (z. B. geringes Freizeitangebot, fehlende medizinische Versorgung)
- fehlende Bildungschancen
- Beschränkung der individuellen Entfaltungsmöglichkeiten durch Dominanz traditioneller Gesellschaftsstrukturen

Folgeprobleme:
- Überalterung der Bevölkerung
- Verhinderung der dortigen Entwicklung
- Verstärkung räumlicher Disparitäten
- Einnahmeverluste für Handel und Gewerbe
- *Braindrain:* Abwanderung der besser ausgebildeten und wirtschaftlich aktiven Bevölkerungsteile → Fehlen qualifizierter Arbeitskräfte

3 *Erläutern Sie die aktuelle Bevölkerungsentwicklung in Industrie- und Entwicklungsländern.*

Industrieländer
- häufig stagnierende oder schrumpfende Bevölkerung
- (stark) alternde Bevölkerung
- sinkende Reproduktionsrate
- Ursachen:
  - hohe Kosten für die Erziehung eines Kindes
  - Wunsch nach Selbstverwirklichung
  - gute soziale Absicherung
  - jederzeit Zugang zu Verhütungsmitteln
  - hohe Lebenserwartung

Entwicklungsländer
- meist stark wachsende Bevölkerung
- junge Bevölkerung
- hohe Reproduktionsrate
- Ursachen:
  - traditionelle Wertesysteme
  - fehlende soziale Absicherung
  - fehlende Aufklärung und Bildung
  - fehlender Zugang zu Verhütungsmitteln
  - unzureichende medizinische Versorgung → geringere Lebenserwartung

4 *Stellen Sie mögliche Ursachen von transnationaler Migration dar.*

Pullfaktoren (Faktoren im Zielgebiet):
- sozio-ökonomische Faktoren:
  - Aussicht auf Arbeit und geregeltes Einkommen
  - Zugang zu staatlichen Leistungen
  - gute bzw. bessere Verdienstmöglichkeiten
  - Zugang zu Bildung und zum Gesundheitssystem
  - höherer Wohnkomfort und besseres Freizeitangebot
- politische Faktoren:
  - Sicherheit aufgrund einer stabilen politischen Situation
  - Rechtssicherheit und Frieden
  - persönliche Freiheit

Pushfaktoren (Faktoren im Quellgebiet):
- sozio-ökonomische Faktoren:
  - Bevölkerungsdruck → Ressourcenknappheit
  - Armut und Hunger
  - Überlastung der Infrastruktur
  - Arbeitslosigkeit
  - fehlende oder unzureichende Bildungsmöglichkeiten

- politische Faktoren:
  - ■ staatliche Unterdrückung
  - ■ Bürgerkrieg
  - ■ Diktatur, Folter, Völkermord
  - ■ Missachtung der Menschenrechte
- ökologische Faktoren:
  - ■ Zerstörung der Heimat durch Naturkatastrophen
  - ■ Verknappung von natürlichen Ressourcen (z. B. durch Erosion, Bodenversalzung, Überweidung)

5 *Nennen Sie exemplarisch je zwei Zu- und Abwanderungsregionen (im globalen Maßstab).*
- Zuwanderungsregionen: Europa, Nordamerika
- Abwanderungsregionen: Südamerika, Afrika

6 *„Sichere, legale und freiwillige Migration ist die (beste) Strategie zur menschlichen Entwicklung und Bekämpfung der Armut. "*

Erörtern Sie diese Aussage.

kontra:
- Überalterung im Herkunftsland wegen der Abwanderung vor allem jüngerer Bevölkerungsgruppen
- *Braindrain:* Verlust v. a. qualifizierter Arbeitskräfte im Herkunftsland
- Integrationsprobleme der Einwanderer im Zielland
- Gefahr der Arbeitslosigkeit der Einwanderer wegen fehlender oder ungeeigneter Qualifikation
- Entstehen von sozialen und politischen Konflikten im Zielland

pro:
- Förderung der wirtschaftlichen Entwicklung im Herkunftsland durch Rücküberweisungen der Auswanderer
- Wissens- bzw. Technologietransfer in die Herkunftsländer
- Ausstieg aus der Armut für die Migranten
- Verringerung des Drucks auf die Ressourcen in den Herkunftsländern
- Abbau von Arbeitslosigkeit und sozialen Spannungen

1 *Erläutern Sie den Prozess der Globalisierung mithilfe des Modells der fragmentierenden Entwicklung.*

Globalisierung:
- Prozess der zunehmenden weltweiten Verflechtungen in vielen Bereichen der Gesellschaft (z. B. Transnationalität und Migration), der Wirtschaft (z. B. *Global Player* mit weltweiten Produktionsstandorten) sowie der Politik (z. B. Liberalisierung des Welthandels durch Freihandelsabkommen)
- im Bereich der Wirtschaft besonders ausgeprägt durch globale Arbeitsteilung

Modell der fragmentierenden Entwicklung:
- Modell zur Beschreibung der Entwicklungs- und Wirtschaftsbeziehungen unterschiedlicher Weltregionen zueinander unter dem Einfluss der Globalisierung
- Modell beschreibt räumliches und zeitliches Nebeneinander großer Disparitäten
- „Inseln" großen Reichtums stehen weite Flächen prekärer Lebensverhältnisse gegenüber („Ozean der Armut")
- an der Globalisierung partizipieren und profitieren nicht ganze Länder, sondern nur Teile der Bevölkerung und einzelne Regionen
- Modell unterscheidet:
  - globale Orte/Regionen („Gewinner"), z. B. Finanzzentren in New York oder Tokio, Hightech-Produktions- und Innovationszentren
  - globalisierte Orte („Scheingewinner", da Wachstum und Fortschritt hier oft wenig nachhaltig sind), z. B. zahlreiche Entwicklungs- und Schwellenländer und deren Rohstoff- und Nahrungsmittelproduktion für den Weltmarkt (wie etwa die Erdölproduktion in Nigeria)
  - neue Peripherie („Verlierer"), Staaten bzw. Regionen, welche hinsichtlich ihrer Arbeitskraft, Kaufkraft und ihres Produktionsvermögens nicht wettbewerbsfähig sind (z. B. weite Teile Afrikas südlich der Sahara)

Fazit:
- Globalisierung schafft keine nachholende Entwicklung, sondern fragmentierende, d. h. bruchstückhafte und in weiten Teilen lediglich temporäre Entwicklung → es bestehen weiterhin starke Abhängigkeiten und neue Formen der Unterentwicklung mit großer zeitlicher und räumlicher Dynamik
- Staaten verlieren zunehmend die Kontrolle über Globalisierungsprozesse → Ökonomisierung nahezu aller Lebensbereiche

2 *Nennen Sie Gründe, die ein Unternehmen zu einer Verlagerung (von Unternehmensteilen) ins Ausland veranlassen könnten.*
- Erschließung neuer Absatzmärkte
- billigere Produktion, z. B. durch niedrige Löhne
- Einsparung von Zöllen und Steuern

- bessere Versorgung mit Rohstoffen, die für die Produktion benötigt werden, durch Verlagerung der Produktion in rohstoffreiche Länder
- allgemein: Kosteneinsparung und Stärkung der Wettbewerbsfähigkeit

3 *Stellen Sie die Chancen und Risiken der Globalisierung für sich entwickelnde Länder gegenüber.*

Chancen:
- Initialzündung für die wirtschaftliche Entwicklung
- Einbindung in den Weltmarkt
- Entstehung von Arbeitsplätzen durch Ansiedlung ausländischer Unternehmen
- Auslandsinvestitionen und Technologietransfer
- Verminderung der Armut
- Stärkung der Rechte der Frauen

Risiken:
- einseitige Ausrichtung der Produktion als Problem bei Weltmarktschwankungen
- Abhängigkeit von ausländischen Unternehmen bzw. Investoren
- Fehlen von eigenem Know-how
- soziales Konfliktpotenzial durch Ausbeutung der Arbeitskräfte, Umweltverschmutzung, wachsende Einkommensschere
- Gefahr des Protektionismus seitens der Industrieländer
- fehlende Perspektiven für die ärmsten, oft politisch instabilen Länder

4 *Erörtern Sie den Ferntourismus als Entwicklungsmotor für Entwicklungs- und Schwellenländer.*

Chancen:
- ökonomisch:
  - Schaffung von Arbeitsplätzen
  - Direktinvestitionen aus dem Ausland
  - Deviseneinnahmen
  - Hotspots der Tourismuswirtschaft als Entwicklungspole mit verbesserter Infrastruktur und Raumwirksamkeit in die Peripherie
- sozial:
  - gegenseitiges Kennenlernen kann Toleranz und interkulturelles Verständnis fördern
  - Wertetransfer (z. B. Geschlechtergleichheit)
  - Entlastung der Ballungsräume, wenn touristische Zentren in der Peripherie liegen (z. B. aufgrund landschaftlicher Schönheit)
- ökologisch:
  - Landschafts- und Naturschutz mithilfe der Einnahmen aus dem Tourismus
  - Schutz von Natur- und Kulturdenkmälern

Risiken:
- ökonomisch:
  - Tourismuswirtschaft ist krisenanfällig (z. B. Terror, Naturkatastrophen) und oft saisonalen Schwankungen (Haupt- und Nebensaison) unterworfen
  - Abhängigkeit von internationalen Touristikkonzernen
  - tourismusbedingter Devisenabfluss und Abschöpfung der Gewinne zugunsten der ausländischen Investoren
  - Arbeitsplätze z. T. schlecht bezahlt und saisonal
  - allgemeiner Preisanstieg durch zahlungskräftige Touristen
- sozial:
  - bei unpassendem Verhalten der Touristen Festigung von Vorurteilen
  - Gefahr der Überfremdung und Kommerzialisierung der einheimischen Kultur
  - soziale Erosion durch selektive Wanderungsprozesse v. a. der jungen Bevölkerung in die Tourismuszentren
- ökologisch:
  - Umweltverschmutzung sowie Störung der Flora und Fauna durch touristische Übernutzung und Zersiedelung
  - Nutzungskonflikte (z. B. Wasserverbrauch für Landwirtschaft und Tourismus)
  - oft mangelnde Entsorgungsmöglichkeiten für Abwasser und Müll

5 *Freihandel und Protektionismus. Erklären Sie die beiden Begriffe kurz.*

Freihandel:
- liberale Wirtschaftspolitik mit freiem Wettbewerb
- internationaler Handel, der frei von handelspolitischer Beeinflussung ist
- keine Beschränkungen oder Handelshemmnisse, wie z. B. Zölle

Protektionismus:
- staatlicher Schutz des eigenen Binnenmarktes und der eigenen Wirtschaft mit dem Ziel, heimische Produzenten vor der Konkurrenz durch ausländische Erzeuger zu schützen
- Instrumente zur Durchsetzung dieser Ziele: Zölle, Einfuhrbegrenzungen, Subventionen oder Steuern

Themenbereich   Raumstrukturen und aktuelle Entwicklungsprozesse in Deutschland

1 *Ist Deutschland ein Gewinner der Globalisierung? Erörtern Sie diese Frage.*

pro:
– Teilhabe an der Ausweitung der internationalen Märkte
– globale Marktpräsenz deutscher Unternehmen → hoher Exportüberschuss in den letzten Jahren
– Standortvorteile in den Bereichen Technologie und Wissen → ausländische Unternehmen investieren in Deutschland
– Wegfall der Visumspflicht bzw. weniger strenge Einreisebestimmungen → Ausweitung möglicher Urlaubsziele
– steigende Produktvielfalt für den Endkonsumenten
– länderübergreifende Forschungsprojekte → schnellere Forschungsergebnisse
– zunehmender kultureller Austausch (z. B. in den Bereichen Literatur, Kunst oder Kulinarik)

kontra:
– Verlagerung von Werken ins Ausland → Arbeitsplatzverluste, Kaufkraftverluste
– Schwierigkeit, den Prozess der Globalisierung nationalstaatlich zu steuern
– sinkende Absatzzahlen aufgrund von Konkurrenzprodukten aus Ländern mit geringeren Lohn- und Produktionskosten
– steigende Umweltbelastung durch zunehmenden internationalen Reiseverkehr

2 *Erörtern Sie Chancen und Risiken der Ausweitung von Auslandsaktivitäten deutscher Unternehmen.*

Chancen:
– Erschließung neuer und v. a. wachsender Absatzmärkte (besonders urbane Mittel- und Oberschicht aufstrebender Schwellenländer)
– Reduktion der Produktions- und Lohnkosten bei Auslagerung
– Nähe zum Kunden

Risiken:
– z. T. weite Transportwege und damit verbunden lange Lieferzeiten
– ggf. Qualitätsprobleme und dadurch Imageverlust und hohe Kosten für Nachbesserungs- oder Rückrufaktionen
– evtl. Verletzung von Sozial- und Umweltstandards und dadurch Imageverlust
– evtl. Verlust von Know-how und technischem Vorsprung durch erzwungene Kooperationen mit Partnern im Ausland oder durch Produktpiraterie
– mangelnde Rechtssicherheit bei Auslagerung in politisch instabile Regionen

3 *Erörtern Sie Chancen und Risiken, die sich für Deutschland durch die Zuwanderung ergeben.*

Chancen für Deutschland:
- gelenkte Zuwanderung ermöglicht gezielte Anwerbung qualifizierter Arbeitskräfte
- bei Erwerbstätigkeit der Migranten: Erhöhung von Produktion und Nachfrage
- bei Erwerbstätigkeit der Migranten: wichtiger Beitrag zur Sicherung der Sozialsysteme
- Begegnung des demografischen Wandels durch meist niedrigeres Durchschnittsalter der Migranten

Risiken für Deutschland:
- ggf. Integrationsprobleme und Probleme mit gesellschaftlicher Akzeptanz der Migranten
- evtl. Kosten für die Gesellschaft bei fehlender Qualifikation der Migranten bzw. bei Arbeitslosigkeit
- Überlastung der Infrastruktur (z. B. Wohnen, Bildung, Gesundheit) bei Übermaß an Zuwanderung
- Verschärfung des Wettbewerbs v. a. im Niedriglohnsektor durch steigendes Arbeitskräfteangebot möglich

4 *Erläutern Sie den gegenwärtigen demografischen Wandel in Deutschland und legen Sie dessen Ursachen und Folgen dar.*

- demografischer Wandel meint die Veränderung der Altersstruktur der Bevölkerung
- seit Anfang der 70er-Jahre liegt die Sterberate über der Geburtenrate
  → **Bevölkerungsabnahme**
- durch höhere Lebenserwartung steigt der Anteil älterer Menschen
  → **Überalterung**

Ursachen:
- Sozialsysteme verringern die wirtschaftliche Notwendigkeit von Kindern
- veränderte Geschlechterrollen (Emanzipation und gesellschaftliche Akzeptanz von Kinderlosigkeit)
- Möglichkeiten der gezielten Familienplanung (Aufklärung, Verhütung)
- hedonistische Lebensstile lassen Kinder als störend empfinden

Folgen:
- Gefährdung des „Generationenvertrages" (Finanzierung der sozialen Sicherungssysteme wird immer schwerer)
- stetig steigende Kosten für Gesundheit und Pflege der alternden Bevölkerung
- Schwierigkeiten bei der Durchsetzung des politischen Willens der jüngeren Bevölkerung (diese stellt eine Minderheit im demokratischen Prozess im Vergleich zur älteren Bevölkerung dar)

- Notwendigkeit der Anpassungen der bestehenden Infrastruktur (Barrierefreiheit, Rücksichtnahme auf Bedürfnisse der alternden Bevölkerung, evtl. Rückbau bestehender Infrastruktur; Stichwort: schrumpfende Städte und Dörfer)

5 *Erläutern Sie die Raumwirksamkeit des demografischen Wandels in Deutschland.*
- neue Bundesländer haben die meisten Bevölkerungsverluste zu verzeichnen (Ausnahmen: Großraum Berlin, Umland größerer Zentren wie Dresden, Leipzig, Halle, Erfurt)
- Regionen mit Bevölkerungsrückgang in Westdeutschland besonders in altindustriellen Räumen (Saarland, Nordrhein-Westfalen) und peripheren ländlichen Räumen
- Wachstumsregionen im Süden und Norden im Umland der Zentren, u. a. München, Stuttgart, Bremen, Hamburg (durch Suburbanisierung)

6 *Nennen Sie Merkmale peripherer Räume Deutschlands und beurteilen Sie, ob der Tourismus ein geeigneter Entwicklungsmotor für ebenjene Räume sein kann.*
Periphere Räume (meist strukturschwache ländliche Räume) weisen häufig eine Vielzahl an ungünstigen Merkmalen auf:
- meist in einiger Entfernung zu Verdichtungsräumen gelegen
- mangelndes Arbeitsplatz- und Ausbildungsangebot (Dominanz des primären Sektors)
- verstärkte Abwanderung (besonders von Frauen)
- meist deutlich ausgeprägte Überalterungstendenzen
- Leerstand und Rückbau der Infrastruktur

Entwicklungschancen durch Fremdenverkehr:
- gezielte Vermarktung regionaler Produkte sowie des attraktiven Landschaftsbildes in Gastronomie und Tourismus möglich → steigende Absatzmöglichkeiten und Etablierung lokaler Wirtschaftskreisläufe
- vergrößertes Arbeitsplatzangebot außerhalb der Landwirtschaft wirkt Abwanderungstendenzen entgegen
- Einnahmen aus dem Fremdenverkehr können reinvestiert werden
- Attraktivität der ländlichen Räume als Naherholungsregionen scheint im Zuge der gegenwärtigen Debatte um Nachhaltigkeit (Stichwort „Flugscham"; Veränderungen im Konsumverhalten, Konzentration auf regenerative Energien) stetig zuzunehmen → großes Zukunftspotenzial besonders bei peripheren Räumen mit attraktiver Landschaft

Fazit: Tourismus kann durchaus Entwicklungsmotor sein, wenn innovative und – mit Blick auf die einheimische Bevölkerung – partizipative Wege zur Raumnutzung gefunden werden

7 *Erklären Sie den Prozess der Suburbanisierung in deutschen Großstädten sowie deren Ursachen und Folgen.*

– Verlagerung von Wohn- und Arbeitsfunktion aus der Kernstadt ins Umland (= suburbaner Raum)
– man unterscheidet Wohn-, Industrie- und Dienstleistungssuburbanisierung

Ursachen für Suburbanisierung:
– ausgeprägte Mobilität sowie gute Verkehrsinfrastruktur ermöglichen Trennung von Wohnen und Arbeiten
– Wunsch nach hochwertigem, naturnahem Wohnen (Eigenheim „im Grünen", weniger Belastung durch Lärm, Schadstoffe, soziale Spannungen)
– niedrigere (Büro-)Mieten bzw. Immobilienpreise im Umland
– Verfügbarkeit günstiger Gewerbeflächen zur Ansiedlung von Betrieben

Folgen:
– erhöhte Verkehrsbelastung durch große Pendlerströme sowie Überlastung des ÖPNV
– enormer Flächenverbrauch und Zersiedelung der Landschaft durch stetiges Wachsen des suburbanen Raumes (Rodungen und Flächenversiegelung)
– finanzielle Überforderung der Kernstadt, da Steuereinnahmen sowie Arbeitsplätze ans Umland verloren gehen
– teilweise Entwertung des städtischen Wohnraumes

8 *Die Schlagzeile „Häuserkampf im Kiez" (Deutschlandfunk 07.08.2017) nimmt Bezug auf den Prozess der Gentrifizierung, welcher sich besonders in der Hauptstadt Berlin, aber auch in anderen Großstädten Deutschlands zeigt. Erklären Sie den Prozess der Gentrifizierung und gehen Sie dabei auch auf ihre Ursachen und Folgen ein.*

– Aufwertung ehemals marginalisierter innerstädtischer Quartiere im Zuge von Luxussanierungen oder hochpreisigen Immobilienneubauten
– dadurch Verdrängung einkommensschwächerer Haushalte durch wohlhabendere Haushalte
– typischer Ablauf:
  ■ sog. Pioniere (Studenten, Kreative, Mitglieder einer Subkultur) werten Stadtteil durch kulturelle Aktivitäten auf und machen ihn interessant für zahlungskräftigere Mieter
  ■ zunehmender Zuzug von „Gentrifizierern" (v. a. Paare mit höherem Einkommen), die die Aufwertung des Viertels wahrnehmen und nach und nach die „Pioniere" verdrängen
  ■ Investoren entdecken den Stadtteil für sich → Modernisierung von Altbauten, Entstehung von Luxuswohnungen

Ursachen:
– häufig historische, attraktive Bebauung der Kernstadt (Wohnbebauung aus dem 19. Jahrhundert, Gründerzeit; Relikte der Deindustrialisierung), welche auf gut

bezahlte Beschäftigte und Mitglieder des sog. kreativen Milieus einen besonderen Reiz ausübt
- durch Prozesse der Globalisierung entstehen in Metropolen und Metropolregionen sog. Fühlungs- und Ballungsvorteile, die zentrale Stadtlagen für Mitglieder der Wissens- und Informationsgesellschaft attraktiv machen

Folgen:
- Aufwertung und Inwertsetzung ehemals vernachlässigter Stadtteile
- Verdrängungs- und Segregationsprozesse werden in Gang gesetzt
- Veränderung der Sozialstruktur der Wohnviertel → vormals ansässige Mieter (Arbeiterschicht, Studenten etc.) werden durch veränderte Konsum- und Lebensgewohnheiten der „Neuankömmlinge" und durch steigende Mietpreise aus den Vierteln verdrängt
- Veränderung der Infrastruktur (Restaurants, Geschäfte) in den gentrifizierten Vierteln
- Gentrifizierung wirkt Suburbanisierungstendenzen entgegen und führt zu einer Zuwanderung in die Innenstadtlagen (Reurbanisierung)

FARBABBILDUNGEN

Entwurf: H. Kopp
Kartographie: S. Adler (2001)

© Stephan Adler

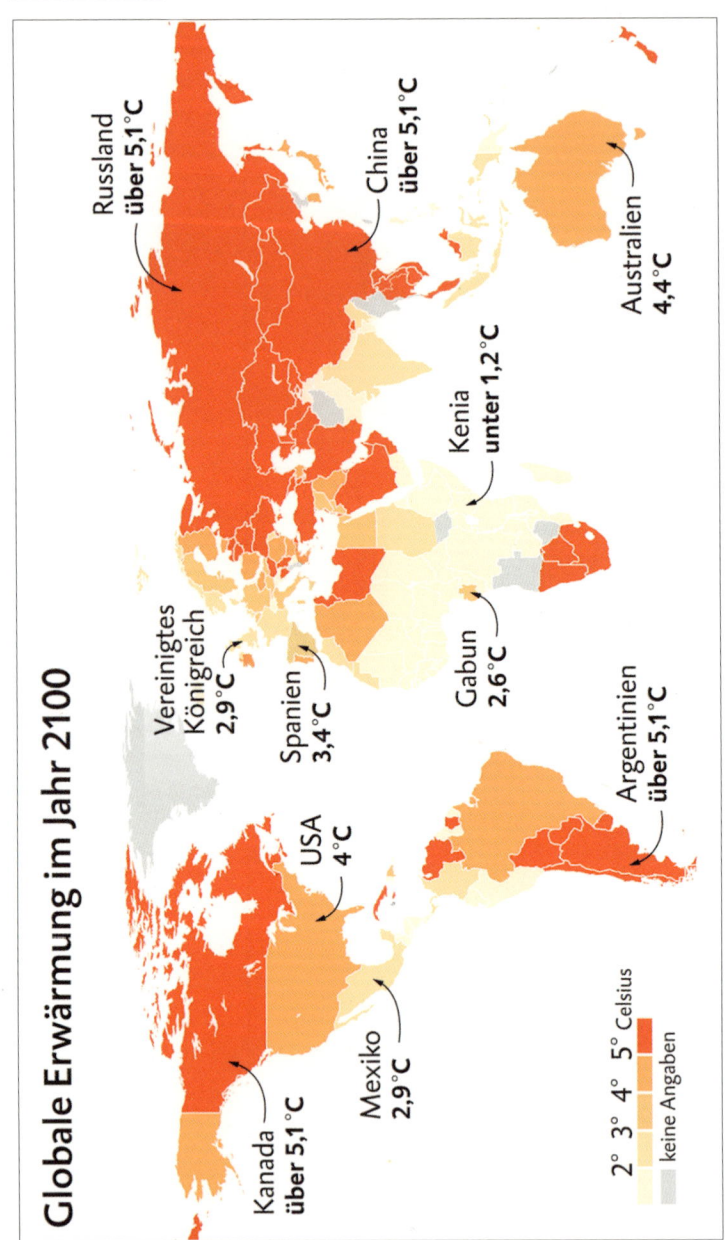

Globale Erwärmung im Jahr 2100

Russland
über 5,1°C

China
über 5,1°C

Australien
4,4°C

Kenia
unter 1,2°C

Vereinigtes
Königreich
2,9°C

Spanien
3,4°C

Gabun
2,6°C

Argentinien
über 5,1°C

USA
4°C

Mexiko
2,9°C

Kanada
über 5,1°C

2° 3° 4° 5° Celsius

keine Angaben

eigene Darstellung, Daten nach: Global Carbon Project

Gebiet des stillgelegten Bergwerks „Heinrich Robert"
(Bergwerk Ost) in Hamm mit städtischem Bebauungsplan
(vereinfachte Darstellung) (M 2)

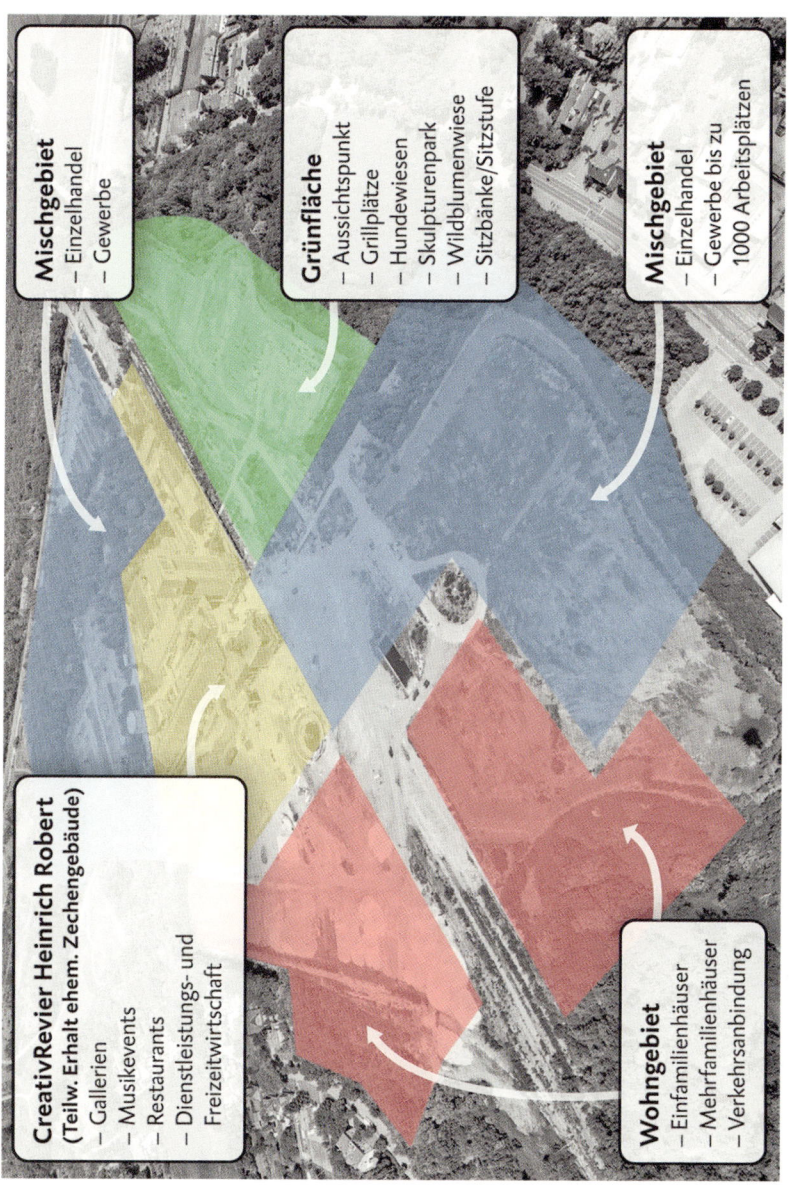

Mischgebiet
– Einzelhandel
– Gewerbe

Grünfläche
– Aussichtspunkt
– Grillplätze
– Hundewiesen
– Skulpturenpark
– Wildblumenwiese
– Sitzbänke/Sitzstufe

Mischgebiet
– Einzelhandel
– Gewerbe bis zu 1000 Arbeitsplätzen

CreativRevier Heinrich Robert
(Teilw. Erhalt ehem. Zechengebäude)
– Gallerien
– Musikevents
– Restaurants
– Dienstleistungs- und Freizeitwirtschaft

Wohngebiet
– Einfamilienhäuser
– Mehrfamilienhäuser
– Verkehrsanbindung

© *Luftbild: Hans Blossey*

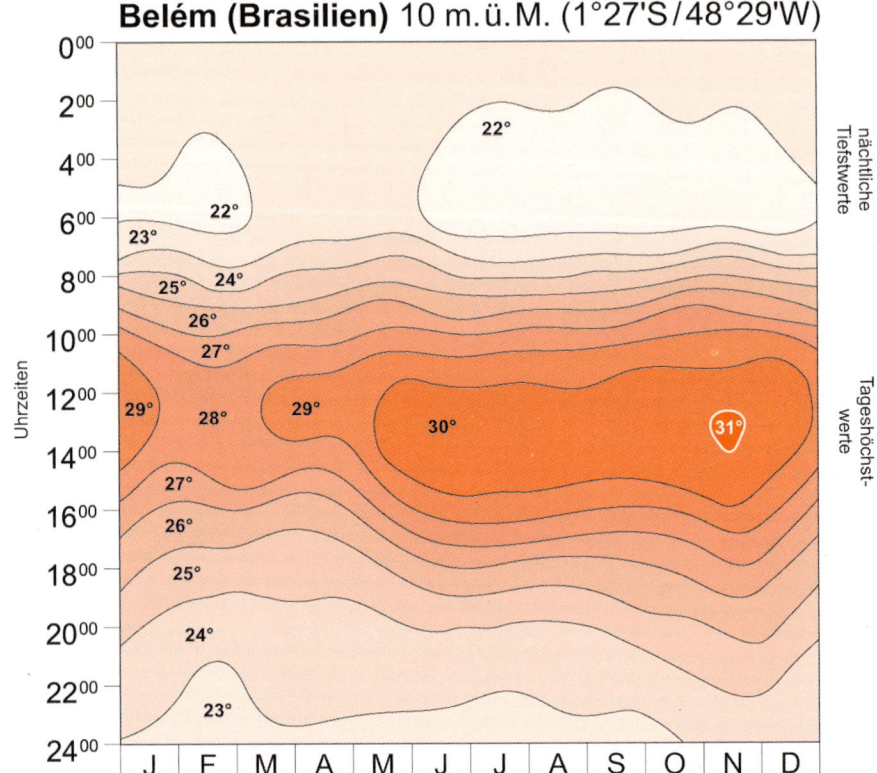

Belém (Brasilien) 10 m.ü.M. (1°27'S / 48°29'W)

Quelle: Geo-Science-International/Wikipedia, CC0 1.0

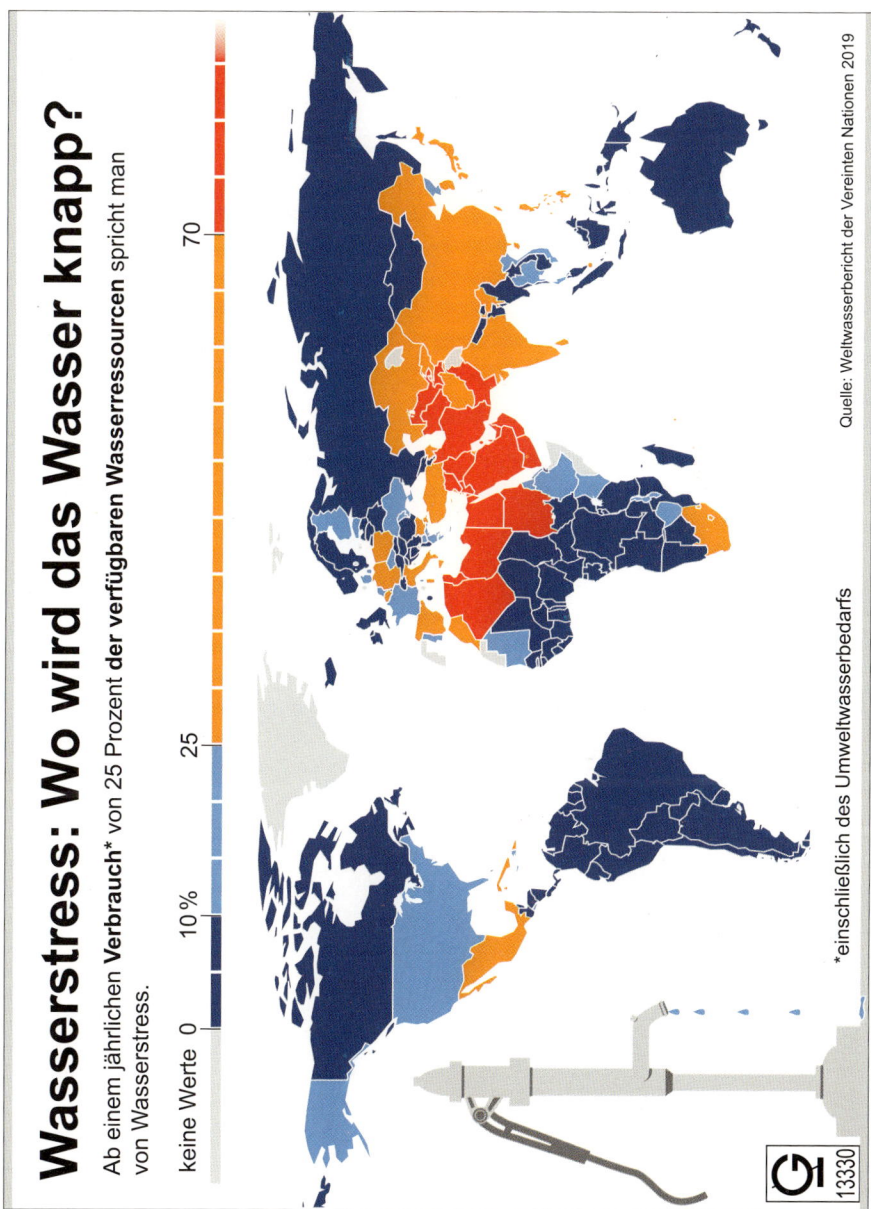

Wasserstress: Wo wird das Wasser knapp?

Ab einem jährlichen Verbrauch* von 25 Prozent der verfügbaren Wasserressourcen spricht man von Wasserstress.

keine Werte 0   10 %   25   70

*einschließlich des Umweltwasserbedarfs

Quelle: Weltwasserbericht der Vereinten Nationen 2019

13330

© dpa-infografik

© Gerhard Mester